本书获教育部人文社会科学一般项目（22JDSZ3141）、浙江省社会科学规划项目（22GXSZ076YBM）、浙江省妇女/性别研究课题（202211）支持。

向阳而生

写给青年的积极心理学

王文娟◇著

GROWING SUNWARD
POSITIVE PSYCHOLOGY FOR YOUTH

ZHEJIANG UNIVERSITY PRESS
浙江大学出版社
·杭州·

图书在版编目（CIP）数据

向阳而生：写给青年的积极心理学 / 王文娟著.
杭州：浙江大学出版社，2024. 6（2024. 11重印）.
ISBN 978-7-308-25182-2

Ⅰ. B848-49

中国国家版本馆CIP数据核字第202416DR29号

向阳而生：写给青年的积极心理学
XIANGYANG ER SHENG: XIEGEI QINGNIAN DE JIJI XINLIXUE
王文娟　著

策划编辑　吴伟伟
责任编辑　陈　翮
文字编辑　刘婧雯
责任校对　丁沛岚
封面设计　雷建军
出版发行　浙江大学出版社
　　　　　（杭州市天目山路148号　　邮政编码　310007）
　　　　　（网址：http://www.zjupress.com）
排　　版　杭州林智广告有限公司
印　　刷　广东虎彩云印刷有限公司绍兴分公司
开　　本　710mm×1000mm　1/16
印　　张　17
字　　数　251千
版 印 次　2024年6月第1版　2024年11月第2次印刷
书　　号　ISBN 978-7-308-25182-2
定　　价　88.00元

浙江大学出版社市场运营中心联系方式：0571-88925591；http://zjdxcbs.tmall.com

"青年犹如大地上茁壮成长的小树，总有一天会长成参天大树，撑起一片天。青年又如初升的朝阳，不断积聚着能量，总有一刻会把光和热洒满大地。党和国家的希望寄托在青年身上！"① 重视青年、培养青年、爱护青年、瞩望青年，始终贯穿于习近平总书记的"青年观"。

亿万活泼的中国新青年，向光而行、奔跑、成长，创造改变，理想之光依然闪烁于中国青年的心灵之中。但在当下这个众声喧哗的时代，"佛系""躺平""内卷""脆皮"等网络热梗持续来袭，一方面，是年轻人的自嘲；另一方面也警醒我们：青年群体的身心健康问题已成为一个较为普遍的社会现象。身处信息时代和社会转型期的部分年轻人，自我期待与生活现状存在落差，易产生焦虑、抑郁等消极情绪，需要积极引导。

积极心理学是关于人类幸福和力量的科学，强调个体的自我成长和自我实现的重要性，鼓励人们发挥自身的优势，培养积极的情感，寻找生活的意义和目标，并与他人建立积极的关系。王文娟老师的《向阳而生——写给青年的积极心理学》对解决当代青年的心态问题，有着积极的作用，青年就应该如树一样向阳而生，蓬勃生长。

该书从积极心理学的视角，将学术简单化、实用化，帮助青年积极成长，具有重要的理论意义和实践价值。该书基于积极心理学的原理、实践和研究成果，讨论积极心理学在情绪、自我、适应、人际关系等方面的应用。通过丰富的案例、专业知识、有趣的心理学实验、简单易操作的心理测验、实用

---

① 习近平. 在庆祝中国共产主义青年团成立 100 周年大会上的讲话 [M]. 北京：人民出版社，2022.

的练习，指引青年在实践中发现更好的自己，让青年更幸福、更有成就感。该书在保证专业性、科学性的同时，通俗易懂、深入浅出，可操作性强。它不仅仅是一本适合青年阅读的幸福指南，也可以成为父母、老师与青年有效沟通的指导手册。

我仔细读了该书内容，认为该书有三个特点：一是可读性，这表现在知识性与趣味性的统一上。二是可操作性，书中有大量的练习，读者可按需使用。三是广泛性，每章一个主题，独立成章，内容丰富，满足不同群体的需求，趣味故事、实验、测验适合一般知识的科普；练一练适合寻求心理调适的青年；专业知识适合想进一步了解心理学的读者。我相信广大读者，尤其是青年读者会喜欢这本书。

湖州师范学院党委副书记
丁敢真

"我们的很多课，都在教学生如何更好地思考，更好地阅读、写作，可是为什么就不该有人教学生更好地生活呢？"哈佛大学幸福导师本 – 沙哈尔（Tal Ben-Shahar）在他的《幸福的方法》中提出了这样的疑问，也引发了还在读研究生的我的思考。

积极心理学（positive psychology）旨在帮助个体实现更高的幸福感、更好的发展。这种用积极的态度来激发人自身积极力量和优秀品质的思想和理念深深地吸引了我。于是，我一直致力于积极心理学的理论和实践探索，便有了这本书。

本书以青年的现实困境为切入点，在系统分析积极心理学理论进展的基础上，借鉴国内外实践经验，分析总结整合出一套适合中国青年的积极教育模式。

本书共八章，第一章"遇见幸福"通过介绍积极心理学的主要思想，让大家追求明确的幸福的方向。第二章到第八章基于积极心理学的原理、实践和研究成果，讨论积极心理学在情绪、自我、适应、逆境、人际关系、亲密关系、生命教育方面的应用。每章通过名人名言、丰富的案例、专业知识、有趣的心理学实验、简单易操作的心理测验、实用的练习，指引青年在实践中发现更好的自己，让青年更幸福、更有成就感。本书在保证专业性、科学性的基础上，通俗易懂、深入浅出，可操作性强。它不仅仅是一本适合青年阅读的幸福指南，也可以成为父母和老师与青年有效沟通的指导手册。需要说明的是，本书大部分结论和观点都是中外心理学家，特别是积极心理学者们经过大量科学实证所提出的，并非我个人的，我只是起到了一个总结、概括和整合，并将其应用于实践的作用。

路漫漫其修远兮，吾将上下而求索。在积极教育的道路上，我仍在前行探索。感谢一路上指引我上路和鼓励我探索的人们，愿你们向阳而生，遇见幸福！

第一章 遇见幸福

人类的一切努力的目的在于获得幸福。

——欧文

不幸福的蒂姆

小时候的蒂姆无忧无虑。但自从上了小学，父母和老师常常给他灌输一种思想：读书就是为了将来能找到一个好工作，一定要好好学习取得好的成绩。然而，他们并没有告诉他：学习可以很快乐，学校也可以是个获得快乐的地方。蒂姆一直背负沉重的学习压力，他常常焦虑，担心考试考不好，害怕题目做错了。学习对他来说只有焦虑和担心，他一天最期待的就是下课和放学。

慢慢地，蒂姆接受了这种价值观。尽管他并不喜欢学校，但还是努力学习。成绩好时，他会受到父母和老师的夸赞，同学们也会羡慕他。然而，这种追求成功的方式却让他背负了巨大的压力。他害怕考试失败，担心作文写错字，这种焦虑和压力让他对学校产生了抵触情绪。

进入高中后，蒂姆的压力越来越大。他开始更加努力地学习，以求在未来的竞争中能够取胜。然而，这种压力让他感到无法承受，他开始安慰自己，一旦上了大学，一切就会变好。

当收到大学录取通知书时，他激动得落泪，以为终于可以松一口气，快乐生活了，但这种激动并没有持续很久。他又开始担心自己在大学中的竞争，这种担心让他再度感到焦虑和不安。

在大学期间，蒂姆依然奔波于各种活动和课程中，努力为自己的履历表增光添彩。他成立学生社团、做义工、参加多种运动项目，但这一切都不是出于兴趣，而是为了获得好成绩，以求获得一份漂亮的履历。尽管如此,他依然感到不满足和不快乐。

毕业后,蒂姆进入了一家著名的公司工作。他再次告诉自己,现在可以享受生活了。然而,这份高薪工作却让他感觉充满了压力。他又开始说服自己,为了职位稳固和更快地升职,需要更加努力工作。但这种满足感很快就消失了。

经过多年的打拼,蒂姆终于成了公司的高层管理者。他拥有了豪宅、名牌跑车和一辈子也花不完的存款,变成了典型的成功人士,达到了他几十年来一直追求的目标——他曾无数次梦想有这么一天。可是,当这一切真正实现的时候,他却没有想象中的那么快乐。他开始酗酒、吸烟,以此来麻醉自己,尽可能延长假期,吃喝玩乐,消磨时间,享受毫无目标的人生。起初,他觉得很刺激,但很快又感到厌倦了。

这就是曾经哈佛大学最受欢迎的选修课——"幸福课"讲师本－沙哈尔经常分享的"不幸福的蒂姆"的故事,这也是他自己的故事,可能大多数人也能在其中看到自己的影子。

为什么蒂姆总是不快乐呢?幸福的秘诀是什么?

一、积极心理学—— 一门教人幸福的科学

来自美国的著名心理学家塞利格曼(Martin Seligman)为我们带来了积极心理学,作为一种新的心理学思潮,它为我们揭示了与传统心理学完全不一样的心灵世界。

积极心理学的历史最早可追溯到 20 世纪 60 年代,研究主题广泛,包括主观幸福感、积极心理品质、积极情绪、生命意义、宽容、希望、乐观等。塞利格曼说:"当代心理学正处在一个新的历史转折时期,心理学家扮演着极为重要的角色和担负着新的使命,那就是如何促进个人与社会的发展,帮助人们走向幸福,使儿童健康成长,使家庭幸福美满,使员工心情舒畅,使公众称心如意。"近一个世纪以来,心理学家主要聚焦于心理学消极方面的研究,

局限于对人类心理问题、心理疾病的诊断与治疗，缺少对人类积极心理品质的关注与深入研究，这种"消极注意偏向"势必造成心理学知识体系上的"巨大空缺"，限制心理科学的发展。直到 2000 年，美国心理学家塞利格曼和契克森米哈赖（Mihaly Csikszentmihalyi）在《美国心理学家》杂志联名发表"积极心理学导论"，积极心理学才正式吹响了进军的"号角"，作为心理学的一个新思想、新概念、新理念、新技术、新行动，引起了广泛关注。心理学从此揭开从消极模式向积极模式转变的历史新篇章，宣告一个新的时代——"积极心理学时代"的来临。[①]

积极心理学认为，人类本身有着强大的复原力量。人性中的优点是对抗心理疾病的重要调节剂，促进与发展人性优点，也会提高人们对心理疾病的免疫力。因此，一方面，积极心理学研究积极情绪（positive emotion），即人对于过去的满足、对现在的快乐和幸福感的体现，以及对未来的希望，能够使人的情绪在时间上维持一致性；另一方面，积极心理学关注个人层面上的积极品质和优势，比如爱的能力、智慧、创造力、勇气、宽容等，而这些人性的优点也是人类自愈的关键因子。

积极心理学是一个关注人类积极情感和品质的心理学领域，它的研究成果已经在许多领域得到了广泛的应用，如教育、企业管理、心理咨询和治疗等，对于提高个人和社会的生活质量有着重要的意义。同时，它也为人们提供了一种新的方式来理解和应对自己和他人的情感和需求。将积极心理学从实验和理论迁移到我们的现实生活中，将会帮助我们学习到实现幸福的实际操作方法。

二、幸福是什么？

（一）人生的四种汉堡模型——幸福的误区

蒂姆为什么总是不快乐呢？本 - 沙哈尔认为：因为人们常常被"幸福的假

---

① 海特. 象与骑象人 [M]. 李静瑶，译. 杭州：浙江人民出版社，2012.

象"所蒙蔽。在我们所处的社会环境和文化背景中，人们习惯性地去追求下一个目标，而常常忽略了眼前的幸福，最后导致终生的盲目追求。一旦目标达成后，人们喜欢把暂时放松下来的心理解脱当作幸福。其实，这只是一种解脱。不可否认，这种解脱确实让我们感受到了快乐，但它并不等同于真正的"幸福"，这种解脱后的短暂快乐只是"幸福的假象"。

本－沙哈尔认为，幸福既不是拼命爬到山顶，也不是在山下漫无目的地游逛；幸福是在通向山顶的攀登过程中的种种真实的经历和感受。他认为，获得幸福的关键在于找寻真正能让自己快乐且有意义的目标的过程。

他认为：幸福，应该是快乐与意义的结合。一个幸福的人，必须有一个明确的、可以带来快乐和意义的目标，然后努力地去追求。真正快乐的人，会在自己觉得有意义的生活方式里，享受它的点点滴滴。

他从汉堡中，总结出了四种人生模式。

第一种汉堡，口味诱人，却是标准的垃圾食品。吃它等于享受现在的快乐，却为未来埋下了痛苦。为及时享乐而出卖未来的幸福人生，这样的人属于"享乐主义型"。"享乐主义型"的人的格言就是"及时行乐，逃避痛苦"，他们只是盲目地满足欲望，却从不认真地考虑后果。他们认为，充实的生活就是不断地满足自己各种各样的欲望。眼前的事只要能让自己开心，就值得去做，等找到下一个更刺激的乐子再说。

契克森米哈赖毕生致力于研究高峰体验和巅峰表现，他曾说过，"人类最好的时刻，通常是在追求某一目标的过程中，把自身实力发挥得淋漓尽致之时"。享乐主义者的生活完全没有挑战，因此不可能获得幸福。美国卫生教育与福利部前秘书长加德纳（John Gardner）说过，"无论是在山谷还是山巅，我们生来就是为了奋力攀登，而不是放纵享乐"。

第二种汉堡，口味不好，里边全是蔬菜和有机食物，吃了对身体健康有好处，但吃的时候痛苦。牺牲眼前的幸福，为的是追求未来的目标，这样的人属于"忙碌奔波型"。这种人错误地认为，此刻的一切努力都是为了实现未来的目标，痛苦的过程是获得未来幸福的必由之路。他们习惯了去关注更远大的目标，却不在意当下的感受，导致终生的盲目追求。

第三种汉堡，是最糟糕的，既不好吃也不健康，吃了它，不但享受不到美味，还影响日后的健康。有一种人对生命已经丧失了希望和欲望，他们既不享受眼前的所有，对未来也没有任何期望，这种人属于"虚无主义型"。

"虚无主义型"的人往往放弃追求幸福，他们不再相信生活是有意义的，非常容易陷入"习得性无助"的状态中。所以当失败或无助时，他们经常会选择放弃，甚至感到绝望。这种类型的人最可怜，因为他们连前两种谬论中有限的快乐都感受不到。

第四种汉堡，既好吃又健康，那就是"幸福型"理想汉堡。它对当下和未来的益处进行适当的平衡。生活幸福的人，不但能够享受当下所做的事情，而且通过目前的行为，他们也可以拥有更加满意的未来。

有些时候，我们确实需要牺牲一点快乐，去换取目标的实现，有些平淡或琐碎的付出是无法避免的。就像为考试而学习，为未来而攒钱，为实现一个目标而超时工作，这些都会带来些许不快，但确实可以帮助我们在未来获益。重要的是，就算我们必须牺牲一些眼前的快乐，也不要忘记我们仍然可以从生活的方方面面尽可能地发掘出能为当下和未来带来幸福的行动。①

本－沙哈尔用坐标解说了四种类型的汉堡在现在和未来的获益。纵轴代表未来，正面影响向上，负面影响向下。横轴代表现在，正面影响向右，负面影响向左，见图1-1。

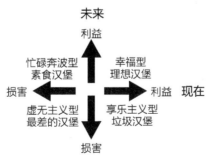

图1-1 四种类型的汉堡

① 本－沙哈尔 . 幸福的方法 [M]. 汪冰，刘骏杰，译 . 北京：中信出版集团，2013.

如果四种汉堡让你选择，你会选择哪一种呢？我相信大部分人都会选择第四种，因为第四种能够一举两得。不幸的是，现实生活中的大部分人，都属于"忙碌奔波型"。人们习惯性地去关注下一个目标，而常常忽略了眼前的事情。

本－沙哈尔说："真正的、持续的幸福感，需要我们为了一个有意义的目的，而去快乐地努力与奋斗。"感受过程，体验其中大大小小的收获，是我们创造有意义的生活的必备行动。树立有意义的远大目标，也有当下就可以感受得到的快乐。不只埋头赶路，懂得一路欣赏风景的人，才是最幸福的。

（二）SPIRE 幸福模型

本－沙哈尔在《幸福的要素》一书中提出了 SPIRE 幸福模型，提示我们获得幸福的五大关键要素：精神（spiritual）、身体（physical）、心智（intellectual）、关系（relational）、情绪（emotional），并从这五个方面提出了一些让我们更幸福的方法。[①]

1. 精神幸福

我们如何在士气低落、精神低迷的情况下，依然能找到生活和工作的意义与目标感?

精神幸福指的是对我们所做的事情有目标感，以及专注地享受每一个当下。

目标感或使命感可以来自工作、关系、我们为他人做的事，或者任何让我们感觉到意义感和满足感的东西。我们可以在我们所做的每件事中增添意义感和目标感。我们可以改变我们看待学习和工作的方式，从将之视为差事或职业转变为将之视作使命。同样地，我们也可以在日常生活的点滴中发现精神幸福。正如有研究证明我们只利用了我们大脑容量的一小部分一样，我认为我们也只利用了我们精神力量的一小部分。

---

① 本－沙哈尔. 幸福的要素 [M]. 倪子君，译. 北京：中信出版集团，2022.

我们应该专注并活在当下。当我们把注意力放在当下正在做的事情上时，我们就是正在经历精神幸福。有关正念的研究发现，正念能够有效提升个体的心理健康、身体健康和幸福水平。正式的正念冥想是一种让自己变得更有觉知的方式，我们可以选择进行每日正念训练；或者也有另一种方式——心流（flow），即专注于当下的经历和体验，全然投入其中。

2. 身体幸福

究竟什么是有效的休息与恢复，怎样做才能让我们具备复原力？

身体幸福指的是通过运动、休息和恢复，让我们的身体得到关照。当我们饮食健康、肢体接触充满爱意时，我们的身心都会得到滋养。大家都知道运动的重要性，但要养成规律的运动习惯实在是太难了。或许我们可以从一些低难度的习惯入手，如让自己隔一段时间就站起来和四处走走。当走一走对我们来说没有困难时，那么我们也就能自然而然地逐渐养成运动习惯。轻强度的散步是一种更好的更容易实现的休息。我们可以尝试在手机或手表上设置站立提醒，在日常生活中通过走路来完成距离不远的出行。不要忘记运动的重要性，在紧张的时候更是如此。锻炼身体对我们有益，它可以使我们更强壮，也会增强我们的反脆弱性。

本－沙哈尔提醒我们，压力本身并不是问题，问题出现在当我们没有恢复得足够好的时候。我们可以通过做一些小练习来自我恢复，比如30秒呼吸练习或15分钟的休息。我们也可以通过睡个好觉或休息一天来体验更持久的恢复。我们还可以通过度假（不一定需要旅行）享受更长时间的恢复。

3. 心智幸福

我们在遭遇挑战和不确定性时是否依然能保持好奇心？

心智幸福意味着保持好奇心、对新鲜的经历保持开放心态，以及愿意进行深度学习。好奇心包括两个部分：获取信息和刺激。经常问问题、渴望学习的人不仅可以更幸福，也会衰老得更慢。对老年人群体展开的实验研究也表明，相较于对照组，严重中枢神经系统疾病患者对新视觉刺激的探索性眼球运动减弱，代表了他们的好奇心减少。因此，好奇心减少可能是最早的一种中枢神经异常衰老的迹象。

如果你追求终身学习，愿意迎接生活的挑战，并对探索事物充满兴奋，你可能也正在经历心智幸福。如果你暂时还不知道如何让自己变得更幸福，本－沙哈尔为我们提供了以下自我探索的条目：

·我什么时候最快乐？

·我怎样才能更快乐？

·我在哪里能体验到生活的意义？

·我怎样才能找到更多的意义？

·我有哪些积极的习惯？

·我如何能拥有更多积极的习惯？

·我喜欢学什么？

·我怎样才能进一步满足自己的好奇心？

·哪些因素使我的人际关系更健康？

·我能做些什么来改善我的人际关系？

·我什么时候感到最欣喜？

·我怎样才能给我的生活带来更多的欣喜？

保持好奇心和开放心态可以帮助我们充分利用生活赋予我们的一切来获得幸福。现代社会存在的问题之一是深度学习已经被浅表学习取代。大多数人认为，他们没有足够的时间，而且缺乏深入阅读一本书，或欣赏一件艺术品，或感受大自然的耐心。然而，这种深度参与对于获得幸福至关重要。敢于犯错并从失败中吸取教训是成长的关键，也会帮我们获得更幸福的人生。

4. 关系幸福

我们是否专注于那些能真正让我们自己更丰盈的关系，而不是将关注点放在自我消耗的关系上呢？

亲密关系是幸福与否的首要因素。即使我们不能和朋友出去玩，也不能如我们所愿和朋友进行面对面的交流，我们仍然可以想办法加深我们的友谊。当我们真正倾听时，当我们被倾听时，当我们互相分享和保持开放时，我们的关系就会更进一步。同样，当我们给予时，当我们变得慷慨和善良，为他人提供帮助时，我们会变得更快乐，我们的人际关系也会得到改善。要记住，关系中的冲突也很重要。要拥有持久的关系并不需要一切都完美，而需要你在经营关系时学会控制冲突，和他人共同成长。

哈佛大学的长期追踪研究表明，能让生活幸福的最重要因素，不是金钱、成功或名望，而是人际关系，尤其是那些能在社交上提供支持的亲密的人际关系。健康的关系虽然不是幸福的唯一因素，却是最重要的因素。

5. 情绪幸福

当痛苦的情绪不可避免地出现时，我们如何能维持稳定的幸福感而不是只享受那些短暂的情绪高峰？

我们总是想要一个没有痛苦和悲伤的理想世界，很遗憾，这种世界并不存在。悲伤和快乐，白天和黑夜，都是相伴相生的，这才是完整的人生和世界。

有时候我们需要相信自己承受痛苦和悲伤的能力。我们就像一枚容器，既可以容纳悲伤，也可以容纳快乐——这种能力就是情绪幸福。允许自己出现各种情绪，这对我们很有帮助。在更易出现极端和复杂情绪的困难时期，这很重要。当我们拒绝痛苦的情绪时，痛苦会加剧，我们也在无意中阻碍了愉悦情绪的流动。拥有情绪幸福的最佳方法是多表达感激之情，这种强大的干预方式可以使我们的幸福感持续上升。

我们可以通过精神、身体、心智、关系、情绪五大关键要素，撬动生命的自我修复。在精神层面，有目标，活在当下；在身体层面，身心合一，充满能量与活力；在心智层面，保持好奇心，专注于一件事，收获学习和成长；在关系层面，慷慨而善良，保持爱与被爱的能力；在情绪层面，能够体验痛苦与快乐，同情与喜悦。当我们面临心理困境时，从这五大关键要素出发，保持幸福，培养自己的复原力和反脆弱性。

（三）PERMA 模型

塞利格曼在《真实的幸福》中提到积极情绪、投入和意义是幸福的三个核心元素，即幸福1.0。他认为这个理论还不够完善，在畅销书《持续的幸福》中，又提出了幸福2.0，即幸福PERMA模型，包括五要素：积极情绪（positive emotions）、投入（engagement）、人际关系（relationships）、意义（meaning）、成就（achievements），缩写成PERMA。[①]

1. 积极情绪

为了体验幸福，我们需要在生活中拥有积极的情绪。任何积极的情绪，如和平、感激、满足、快乐、灵感、希望、好奇或爱，都属于这一类，在当下享受自己的乐趣真的很重要。另外，花点时间找出给你带来快乐的人、事或物。例如，想象一下你喜欢在户外，被大自然包围，那么就可以在学习和办公场所，摆放绿植，体验这种大自然带来的快乐。利用各种方法，将积极情绪和快乐带入我们的日常生活。

2. 投入

当我们真正参与到一个情景、任务或项目中时，我们会体验到一种心流的状态：时间似乎停止了，脑海中没有其他杂念，沉浸在当下。这种感觉真的很好！我们越多体验这种投入的感觉，越有可能体验到幸福。

你觉得自己很投入吗？或者你从事的爱好和活动能帮助自己进入心流状态吗？我们可以通过最大限度地减少分心和提高专注力来增加学习和工作中的沉浸感。沉浸感与创造密切相关，但我们也可以在体育活动、电子游戏、与亲友共度的美好时光或自己感兴趣的事情中体验到深度的沉浸感。这些可以帮助我们进入心流状态。所以，在我们力所能及的范围内，专注于那些为我们的技能提供有趣挑战的事情。尤其是当我们学习和工作压力大或超负荷

---

① 塞利格曼. 持续的幸福 [M]. 赵昱鲲，译. 杭州：浙江人民出版社，2012.

的时候，试着花时间在让我们感到快乐和沉浸感的兴趣爱好上。

3. 人际关系

作为"社会人"，良好的人际关系是幸福的核心。我们发现，与他人建立有意义的积极关系的人比那些没有积极关系的人更快乐。你是否喜欢家人和朋友的陪伴，你是否发现他们积极的支持？你和家人、朋友、邻居或同事的关系如何？你希望有更多这样的关系吗？

如果没有，那么花时间了解原因是很重要的。你是否花了足够的时间来加强这些关系？你需要付出更多的努力去联系朋友和家人吗？人际关系需要投入和努力，只有当我们努力与他人联系时，它们才会得到加强。承诺定期与朋友或家人共度重要的时光。学会倾听他人，表达自己的想法和感受，有效的沟通是建立良好关系的基础。在朋友、家人或同事需要帮助时，伸出援手，分享积极的能量和支持可以加强关系；对于他人的帮助和支持表示感激，这有助于建立正面的互动。在适当的时候适度地分享个人经历和感受，有助于拉近与他人的距离。

4. 意义

幸福的人们不只是生活快乐或者积极投入生活，他们还觉得人生有意义，并且心怀让世界变得更美好的目标。当一个人认识到自己在世界上是独一无二的，并明确自己生活中的目标时，他们就能感受到生活的意义。意义是指主动参与并服务于你认为可以提升自己的事情。人们通常希望从事有意义的工作，过有意义的生活，拥有意义就像拥有一个指引方向和目标的指南针。生活中的意义感使人摆脱痛苦，沉浸在快乐之中；没有意义的生活只会让人停留在过去和现在，看不到未来的希望。那些找到生活意义的人往往更加乐观，拥有较高的自尊，并且抑郁和焦虑水平较低。有意义的人生充满着热情。因此，坚毅地追求值得的目标，是使你的人生变得更加丰富多彩的重要部分。

如果你觉得自己的生活缺乏意义，尝试做些事情，你会发现积极的效果。意义来自为比我们自己更伟大的事业服务。无论这是一个特定的使命或信仰，还是一项以某种方式帮助人类的事业，我们都需要充实生命的意义来拥抱幸福。

5. 成就

成就并不是胜利或者夺得第一名，而是实现有意义的、有使命感的目标。成就体现了人们对环境的掌控能力。成就让人们明白他们的行动是有意义的，并为他们的生活赋予意义。这种认知使他们产生了一种对生活的掌控感，并得到反馈，确认他们并未偏离生活的轨道。

与意义不同，成就更加关注环境给予的反馈，而非个体自身的贡献。幸福感常常来自成就的实现过程而不是成就本身。然而，并非所有成就都能带给人们幸福。追求一些满足肤浅渴望的外在目标（如金钱和名誉），或者把别人梦想的目标当成自己的追求，并不会给人们带来满足的成就感或幸福感，只有追求超出舒适区的明确且艰难的目标，才能赢得最佳的成果，并且还可以带来最高水平的自尊感和自我效能感。

我们中的许多人都努力以某种方式改善自己的生活，无论是寻求掌握一项新技能，实现一个有价值的目标，还是在一些竞争性活动中获胜。因此，成就感是另一个有助于我们迈向圆满的重要因素。

PERMA模型是很好的方法论；方法论需要变成方法、变成行动。幸福是感受，也是实践。文字、概念、理论都是苍白的，唯有真实的感受、实践是鲜活的；唯有与鲜活的生命连通，方法才能被内化为我们自身的能力。

（四）心流

契克森米哈赖在《心流：最优体验心理学》一书中提出了心流的概念，指一种人们在专注进行某行为时所表现的心理状态。他认为，幸福是你全身心地投入一件事物，达到忘我的程度，并由此获得内心平和与满足的状态。

1. 最优体验

契克森米哈赖认为，生命中最美好的时刻不是了无牵挂、完全放松的时刻。虽然这些时候我们也能感受到快乐，但最愉悦的时刻通常是在一个人为了某项艰巨的任务而辛苦付出，把自己的能力发挥到极致的时候。这样的体验在当时并不见得快乐。马拉松运动员在刻骨铭心的夺冠比赛中，可能会觉得浑身肌肉酸痛，呼吸困难，恶心想吐——但这可能是他一生中最美妙的一刻。掌控生命不是一件容易的事情，有时甚至会带来痛苦。然而，随着时间的推移，最优体验会逐渐积累，形成一种对生命的掌控感。更准确地说，这是一种能够自主决定生命内涵的参与感，这是我们所能想象的最接近所谓"幸福"的状态。[①]

2. 心流的构成要素

契克森米哈赖指出，乐趣的出现主要有八项元素。一般人回想最积极的体验时，至少都会提及这些元素中的一项，或是全部。

（1）具有挑战性的活动

"活动"不一定是指体能方面，而所谓"技巧"也不一定与体能无关。例如，静态的阅读就是全世界公认的能带来乐趣的活动。它被视为一种活动，因为它需要集中注意力，而且阅读者必须弄懂文字的规则。阅读的技巧不仅包括识字，还包括把文字转化为意义，以及对虚构角色的理解、历史与文化背景的辨识、情节变化的预测等。广义而言，操纵象征性资讯的能力，诸如数学家在脑海中构思数量之间的关系，或音乐家组合音符，都可被视为技巧。

另一种被普遍认为有乐趣的活动是与他人相处。乍看之下，对于"享受活动需要技巧"的论调，社交似乎是个例外，因为跟别人闲聊家常或谈笑好像用不着什么特殊的技巧。实际上却不然。很多人都知道，自我意识强的人通常排斥非正式的接触，也避免与人群为伍。

任何活动都包含许多采取行动的机会，或需要适当技巧才能完成的挑战。对于不具备技巧的人，这种活动非但不能算是挑战，而且根本毫无意义。爱音乐的人，看见乐谱就会兴奋，而不会音乐的人却无动于衷。

---

① 契克森米哈赖. 心流：最优体验心理学 [M]. 张定绮，译. 北京：中信出版社，2017.

（2）知行合一

心流体验最普遍、最清晰的特质会在此种情况下显现：当事人全神贯注，一切动作都不假思索，几乎完全自动自发；他们的知觉甚至泯灭，人与行动完全合一。

一位舞者在描述自己精彩的演出时表示："当时注意力完全集中，心中没有任何杂念，什么也不想。只是专心做一件事，全部活力畅流无阻，你会觉得轻松、自在而精力旺盛。"

心流体验虽然表面上看来不费吹灰之力，实际上却远非如此。它往往需要消耗大量体能，或经过严格的心灵训练；需要高超的技巧，而且只要注意力一放松，心流就可能消失得无影无踪。在心流之中，意识运作顺畅，每个动作都衔接得天衣无缝。在日常生活中我们经常被怀疑或疑问打断："我为什么这么做？我是否该做这件事？"我们一再追问行动的必要性，并批判它们背后的理由。然而在心流中没有反省的空间，所有行动宛如有一股魔力，带着我们勇往直前。

（3）明确目标与即时回馈

心流体验之所以能达到完全的投入的状态，是因为有明确的目标，而且能得到即时的反馈。沿着垂直的岩壁向上攀爬的人，心里的目标非常简单：爬到山顶，不要中途掉下去。一小时又一小时过去了，他每一秒钟都接到信息，确认自己没有偏离基本目标。

当然，如果选择的目标微不足道，成功的乐趣也同样几近于零。倘若我的目标只是想着坐在客厅的沙发上，我每天都发现自己成功了，但这并不会使我特别快乐。相形之下，历尽千辛万苦登上崖顶的攀岩者，却会为自己的成功而欣喜若狂。

（4）全神贯注

心流体验最常见的特征就是，在心流中会把生活中所有不快乐的事忘得一干二净。这是因为要想从活动中汲取乐趣，必须全心全意地专注于手头的工作，所产生的重要副产品——心流状态下的心灵完全没有容纳不相干信息的余地。

在平凡的日常生活中，由于大多数工作和普通的家庭生活，要求都不及心流体验那么高，也不需要全神贯注，因此悬念和焦虑才有了乘虚而入的机会。这就导致在一般状态下，心灵常会受到突如其来的干扰，我们受任意闯进意识的思想和忧虑驱使，精神能量不能流转自如。也正因为如此，心流才能提升体验的品质。这类需全心投入的活动，要求分明，秩序井然，根本不容外来因素介入与破坏。

（5）掌控自如

游戏、运动及其他休闲活动经常是乐趣的源泉，这些活动与困难层出不穷的日常生活还有一段距离。如果输了一盘棋，或在其他爱好上失利，也没什么好担心的，但在现实生活中搞砸一笔生意就很有可能被开除，付不起房屋贷款就可能落得无家可归。所有对心流的典型描述都提到"控制感"——或说得更精确一点儿，它不像日常生活，时时要担心事态会失控。

契克森米哈赖这样描述一位舞者对心流体验的表达："一种非常强烈的轻松感淹没了我，我一点儿也不担心失败，多么有力而亲切的感觉啊！我好想伸出手，拥抱这个世界。我觉得有股无与伦比的力量，能创造美与优雅。"

（6）浑然忘我

前面我们谈过，当一个人完全投入某种活动时，就没有余力再去考虑过去或未来，或当前任何不相干的事情。在这个阶段，从知觉中消失的"自我"应该特别提出来讨论，因为在日常生活中我们花了太多时间去想它。一位登山者描述这种体验说："那是一种禅的感觉，像冥想的专注，你追求的就是使心灵凝聚于一点。自我可以用很多不具启发性的方式与登山结合，但当一切都变得自动自发，自我就消失不见了。不知怎么，你想也不用想，事情就做对了……它就这么发生了，你也更加专注。"

"忘我"这个字眼，可谓对心流体验非常具体的描述，有人说心流的感觉就像饥饿或痛苦瞬间解除那么确切，它使人有获益良多之感。

（7）时间感异常

契克森米哈赖描述心流时，最常提及的一点就是时间感跟平时不一样。我们用来衡量外在的客观时间的标准，诸如白天与黑夜，或时钟的嘀嗒，都被活动所要求的节奏推翻。往往几个钟头好像只有几分钟；大致多半的人觉得时间过得比较快，但有时正好相反。芭蕾舞者说，做一个困难的转身动作时，现实中的几分之一秒可以延伸成好几分钟："有两种感觉，一种是觉得时间过得好快，回顾起来，觉得什么事都很快就过去了。好比有时在凌晨1点却会感觉'啊！8点过了好像才几分钟'。但是当我跳舞的时候……时间变得似乎比实际长很多。"最保险的说法应该是，心流发生时，对时间的感觉跟传统的时钟记录的时间几乎没有关联。

（8）从被迫的体验中顿悟

某些违反我们意愿、不得不去做的事，逐渐也会呈现它固有的报偿。

契克森米哈赖在书中举了他朋友对古典音乐感悟的例子。这位朋友从3岁开始，就经常跟父亲去听古典音乐演奏会。他记得当时常觉得很无聊，有时坐在椅子上睡着了，就被一巴掌打醒，这使他憎恨音乐会、古典音乐，甚至也可能恨自己的父亲。几年过去了，他一直被迫重复这段痛苦的经历。终于在他7岁那年，有一天晚上，当他聆听莫扎特的一部歌剧的序曲时，令他欣喜若狂的感受降临到了他头上：他突然明白了这段音乐的内涵，一个崭新的世界在他眼前豁然呈现。不论他是否意识到，过去四年的磨炼，已使他听音乐的技巧大有长进，使他到了顿悟的境界，能够了解莫扎特在乐曲中安排的玄机。

很多活动的快乐都不是天然所有的，它需要我们在开始时付出一些我们可能不那么想付出的努力。一旦个人的行为得到反馈，互动开始，自然就会产生快乐的感觉。

自成目标的体验跟生活中典型的感受迥然不同。我们平时做的很多事情，本身都没有什么价值，只是不得不做，或是因为我们预期未来会有回报才去做。很多人觉得他们投注在工作上的时间根本就是一种浪费——他们与工作疏离，投注在工作上的精神能量根本得不到补充。对不少人而言，空闲时间同样是一种浪费；通常休闲有助于工作后的放松，但这段时间往往只是被动地吸收资讯，没有运用任何技巧去开发新行动的契机，结果生活只是由一连串无聊而焦虑的感受所组成，个人全无控制力。

自成目标的体验也就是心流，它能把生命历程提升到不同的层次。疏离变成了介入；乐趣取代了无聊；无力感也变成了控制感；精神能量会投注于加强自我，不再浪费于外在目标上。体验若能自动自发地产生报酬，现在的生命当然有意义，不需要再受制于将来可能出现的报偿。

3. 没有绝对的好

契克森米哈赖也提醒我们："世上没绝对的好，任何力量都有可能被滥用，既可能造福人，也可能被用于破坏。心流体验好，在于使人生更丰富、更有活力、更加积极和富有潜力，但心流结果的好坏，必须在更广泛的社会标准下加以讨论和评估。"

他还指出："必须时时刻刻重新评估我们所做的一切，不要让习惯和过时的智慧或者抉择蒙蔽了我们的双眼，阻碍了我们的发展和成功的可能。"

心流体验一定能给我们带来好处吗？答案是否定的，我们必须用智慧抉择我们要进入的心流活动，并用其来丰富我们的人生，保持内心的秩序和警觉，不能反受其控制。

三、幸福的方法

（一）给膨胀的欲望设个上限

在当今这个快节奏、高压力的社会中，人们往往被欲望所驱使，追求更多的物质财富、更高的社会地位和更大的成功。然而，这种无休止的追求不仅会导致焦虑、压力和不满，还会让我们忽略生活中的美好和幸福。

我们应该学会设定合理的目标和期望，不要让欲望无限扩张。当我们设定一个上限，我们就能更好地掌控自己的生活，减少不必要的压力和焦虑。同时，我们也能更加专注于当下，享受生活中的每一个美好瞬间。当我们不再过度追求物质和成功，我们就能更加关注他人的感受和需求，建立更加真诚和有意义的人际关系。积极的关系不仅能够让我们感到更加幸福和满足，还能为我们提供更多的支持和帮助。

给膨胀的欲望设个上限是获得幸福的关键。我们应该学会控制自己的欲望，设定合理的目标和期望，享受生活中的每一个美好瞬间，建立健康的人际关系。只有这样，我们才能真正获得内心的平静和幸福。

（二）拥有一颗单纯的心，更容易贴近幸福

我们时常被各种烦琐的事务和纠结的情感所困扰，以至于我们很难真正感受到幸福的存在。如果我们能够拥有一颗单纯的心，那么我们将更容易贴近幸福。

单纯的心意味着内心的纯净和简单。这种纯净和简单并不是指我们没有思考或感受，而是指我们能够保持一种清晰、坦诚和真实的内心状态。我们不会因为外界的干扰或自己的杂念而让内心变得混乱或复杂。相反，我们能够清晰地思考和感受，保持一种内在的平衡和稳定。

拥有单纯的心，意味着我们学会了放下过去的包袱和未来的担忧。过去的事情已经发生，无法改变，而未来的事情还没有发生，我们无法预知。因此，我们应该学会放下这些无谓的担忧和包袱，让自己的内心变得更加轻松和自由。只有这样，我们才能真正地感受到当下的幸福和美好。

拥有单纯的心让我们保持对生活的热爱和对他人的真诚。我们应该学会欣赏生活中每一个美好的瞬间，珍惜与家人、朋友和爱人相处的时光。我们应该保持一颗善良的心，关心他人，乐于助人，让自己的生活变得更加有意义和充实。

最重要的是，拥有单纯的心需要我们保持对内心的关注和照顾。在快节奏的生活中，我们往往忽略了自己的内心感受，导致内心的疲惫和焦虑。因

此，我们应该学会倾听自己内心的声音，了解自己的需求和感受，给予自己足够的关爱和支持。只有这样，我们才能保持一颗纯净、真实的心，真正地感受到幸福的存在。

感受生活中每一个美好的瞬间，珍惜与身边的人相处的时光，让幸福成为我们生活的常态。

（三）少一些比较，多一些幸福

人们总爱拿自己去和别人比较，我的工作没某某的好，我住的房子没某某的大，我孩子的成绩没某某的好，我的老公没某某的老公会挣钱……比着比着，只会带来次人一等的感觉，还有什么幸福可谈！从某个角度来看，地球上每一个人都不如另一些人。你知道你的篮球比不上姚明，唱歌比不上王菲，口才比不上白岩松，写作比不上莫言，赚钱比不上盖茨……这些事情你知道得很清楚，但你不应为此而产生自卑感，也不该只因为某些事情无法做得像他们那么有技巧，而觉得自己是块废料。但大部分人都有这样的心理，喜欢把自己的快乐、幸福和价值观建立在别人的标准上。好像别人说你行，你就行；说你不行，你就不行。应当承认，他人的评价在一定程度上对我们有促进作用，在受到别人的表扬时，我们就会感到快乐，感到自己有价值。但事实上，无论你表现得多么出色，多么与众不同，也总有人不喜欢你。如果一个人的生活总是在不停地对比和计较，幸福还真不是一件容易的事。

幸福并非源于未得到或已失去，而是源于当前所拥有和正在经历的。虽然与他人比较有助于我们获得幸福感，但真正的幸福应该是与自己比较，与自己的幸福标准比较。我们应该欣赏自己的生活，看到自己的进步和成果，感受追求过程中的满足与幸福。同时，我们也应该认识到自己与真正幸福的差距，不让自己总是处于忙碌和奔波中。别人的幸福不一定适合自己，别人的羡慕无法替代自己内心的满足感。

要获得真正的幸福，我们需要摆脱完美主义，学会面对失败和痛苦，乐于接受自己的独特性，并在人生的各种经历中品尝出只属于自己的幸福滋味。

这种滋味是独特且长久的，只有自己才能真正感受得到。

（四）合理控制心理预期

我们所处的环境有时是无法选择、无法改变的，但是如何对待环境的态度却是可以选择、可以改变的。幸福是人的个体感受，这种感受随时在发生变化。幸福感的强弱，取决于个人的心理预期与其现实状态之间的对比关系。现实状态越接近心理预期，我们的幸福感越强，当现实状态等于心理预期或超过心理预期时，我们的幸福感达到最强，但由于心理预期的随时变化，这种感觉很难持续太久；现实状态越远离心理预期，我们的幸福感越弱，两者距离达到一定程度后，我们可能会感到幸福感的丧失。

可以用一个坐标图来表现幸福感的状况。时间是横轴，表现心理预期值和现实状态值的是纵轴。在这个坐标系上，可以为每个人画出心理预期变化值和现实状态变化值的两条曲线。从这两条曲线之间的距离关系就可以分析出幸福程度。

一般来说，或绝大多数时间，一个人的心理预期值高于现实状况值。由于个人的努力，或者由于整个社会的不断发展进步，多数人的一生中，现实状态值可能会不断提升。如果心理预期值保持相对稳定，在现实状态值提升的过程中，心理预期值和现实状态值在不断接近，一个人的幸福感肯定会不断提高；但随着现实状态值的提升，人的心理预期往往会随之变化，如果心理预期值提升幅度大于现实状态提升值，两者的距离不仅没有缩小，反而变大，幸福感不仅不会提高，反而会下降；如果心理预期值的变化幅度刚好与现实状态值保持同步，幸福感可能没有什么变化；如果心理预期值提升幅度小于现实状态值的提升幅度，两者仍会慢慢接近，幸福感会有所上升。

一个人为自己设定了阶段性的目标，等于阶段性地稳定了心理预期值，那么在这个阶段，如果能够努力不断提升现实状态值，不断接近目标，幸福感就会不断提升。但一旦达到或非常接近目标，人的心理预期往往又会很快发生变化，又会设定新的目标（心理预期值），新的心理预期值又会拉开和现实状态值之间的距离，幸福感又会进入一个新的变化周期。

有的人，心理预期值永远不会太偏离现实状态值，这种人心态好，欲望不高，两条线距离很近，这样的人自身幸福感较高，对社会和谐贡献大，但人生缺乏动力，对社会进步贡献小，即便他人生方向错了，造成的破坏也小。有的人，两条线都在上升，但总是相距很远，这样的人属于目标远大或追求完美的人，他们不懈奋斗，对社会进步可能做出很大贡献，或是造成很大破坏，但即使是贡献很大，被社会广为赞誉，他本人的幸福感仍难以提升。

多数人，两条线是波动的，时近时远。距离远了，幸福感会降低，但奋斗努力的动力随之提升，行动之后，产生阶段性成果，心理预期变成现实，幸福感提升，两条线接近，甚至一度重合。但很快又会产生更高的心理预期，心理预期线往上走，两条线又渐行渐远，幸福感下降，动力增强，又产生新一轮的波动。

用这个方法，可以解释幸福感的各种变化。幸福是个很有趣的事情，别人认为很幸福、应该幸福、一定幸福的人，他本人内心未必感到幸福，甚至可能认为自己很不幸。别人认为很不幸，根本不可能幸福的人，可能他本人却并不这么想，甚至可能生活得自得其乐。这是因为我们在解释时不能混淆了心理预期值、现实状况值和主体的关系。只能是一个主体，对比才有意义。刚才说的别人认为很幸福，自己感到不幸福，是因为用别人的心理预期值和本人的现实状况值进行对比了。另外，人们都说找不到持久的幸福，这正符合前面论述的心理预期值和现实状态值上下波动带来的幸福感波动变化的情况。同时也说明，绝大多数人没有找到调适心理预期值或调整心态的办法，如果能够找到调适心理预期值的办法，像儒家讲的"修己以敬"，佛教讲的"身心安泰"，道家讲的"知足常乐"，幸福感一定会更强、更持久。

☀ 幸福实践

心理学实验

哈佛大学跨越 85 年的幸福研究：什么人活得最幸福

我们总是被灌输：要好好工作，要加倍努力，要成就更多，只有这样才能有好日子过，才能开心快乐幸福。但如果放大到整个人生的长度来看，决定一个人过得幸福的因素到底是什么？"哈佛大学成人发展研究项目"作为有史以来持续时间最长、最全面、最昂贵的心理学和社会学实验，是心理学史上一项努力揭示美好生活与人类幸福的伟大作品。该项目的第四任负责人，哈佛医学院精神病学教授、麻省总医院精神动力治疗与研究中心主任瓦尔丁格（Robert Waldinger）博士自 2003 年开始便进入研究团队。瓦尔丁格博士以"哈佛大学75 年研究成果：幸福是什么？"为题的 TED 演讲[①] 被评为 TED 十大演讲之一。

2023 年，瓦尔丁格博士与项目副主任、美国布林莫尔学院心理学教授舒尔茨（Marc Schulz）博士推出了"哈佛幸福研究"85 年来最全面的研究成果——《美好生活：哈佛大学跨越 85 年的幸福研究启示》，告诉我们，什么样的人最幸福。[②]

1938 年，哈佛大学开始了一项有史以来最长久的成人发展研究项目，研究对象是美国精英中的精英。这项研究由阿利·博克负责，旨在找出获得幸福人生的各项指标。由于最初的研究资金来自"格兰特基金会"，该项目被称为"格兰特研究"。同时，一项由律师谢尔顿和社会学者格鲁克主持的研究项目，选取了 456 名出生于波士顿市区贫困家庭的年轻人进行了类似的研究，被称为"格鲁克研究"。最终，两个项目合并为"哈佛大学成人

---

① TED（technology，entertainment，design 的首字母缩写，即技术、娱乐、设计）是创办于英国的一家私有非营利机构。TED 演讲由其组织。

② 瓦尔丁格，舒尔茨. 美好生活：哈佛大学跨越 85 年的幸福研究启示 [M]. 许丽颖，译. 北京：中信出版社，2023.

发展研究项目"，对总计 724 名研究对象进行全面追踪与对比研究，定期采集他们的生物学标本，对他们进行问卷、音频和面谈采访，其中不乏日后大名鼎鼎的第 35 任美国总统约翰·肯尼迪。

这项研究持续了 85 年，研究对象有的高开低走，有的成功逆袭。研究规模也从最初的 724 人扩展至他们的配偶以及 1300 多名后代，积累了庞大的原始资料库，总耗资超 2000 万美元。

这项研究从两大群背景迥异的美国波士顿居民开始。第一组研究人员从当年哈佛大学本科生中选出了 268 名高才生，他们当年才大二，后来全都经历了第二次世界大战，并且大部分人都参军作战了。同时，哈佛法学院的教授谢尔顿从波士顿贫民区选出了 456 名家庭贫困的小男孩，他们来自 20 世纪 30 年代波士顿最困难最贫困的家庭，大部分住在廉价公寓里，很多人家里甚至没有热水供应。最终这两组研究合二为一。这些年轻人都接受了面试，并接受了身体检查。研究人员挨家挨户走访了他们的父母。

在 76 年的时间里，这些年轻人长大成人，进入社会各个阶层。有人成为工人、律师、砖匠、医生，有人成为酒鬼，有人患了精神分裂症。有人从社会最底层一路青云直上，也有人恰好相反，从云端掉落。那么，这七十几年来、几十万页的访谈资料与医疗记录，究竟带给我们什么样的研究结果与启发？到底什么样的人生是我们想要的？如何才能健康幸福地生活？

好的社会关系对人们的生活质量和健康状况具有重要影响。研究显示，与家庭成员更亲近、与朋友和邻居交往更多的人，通常更快乐、更健康、更长寿。而孤独和孤立对健康有害，那些感到孤独或被孤立的人，到中年时健康状况可能会下降很快，大脑功能也可能下降得更快。

人际关系的质量比数量更重要。即使身边有很多人，如果关系不好，仍然可能会感到孤独。整天吵吵闹闹的关系对健康是有害的。没有爱的婚姻可能对健康的影响比离婚还要大。因此，不必过于在意朋友的数量，而应该关注自己对人际关系的满意程度，保持良好的心态。

良好的婚姻关系可以减缓衰老带来的痛苦。那些在婚姻中感到幸福的人，即使到老年，身体出现各种毛病，仍然会感到幸福。而那些婚姻不快乐的人，身体上会出现更多不适，因为坏情绪对身体产生了负面影响。幸福的婚姻并不意味着从不拌嘴。有些夫妻到八九十岁仍然天天斗嘴，但只要他们坚信在关键时刻对方能靠得住，这些争吵只是生活的调味剂。这种亲密关系让他们保持了良好的应对机制，从而能够更好地应对挫折和困难。

人际关系还可以保护人的大脑。幸福的婚姻不仅能保护我们的身体，还能保护我们的大脑。在老年时，如果婚姻生活仍然温暖和睦，对另一半的信任和依赖可以防止记忆力衰退。而那些无法信任自己的另一半的人，记忆力可能会更早表现出衰退。

遇到真爱可以显著提升人生繁盛的概率。与母亲关系亲密的人，平均年薪更高；与兄弟姐妹相亲相爱的人，收入也更高。在"亲密关系"上得分最高的人，平均年薪是 24.3 万美元；得分最低的人，平均年薪则不超过 10.2 万美元。因此，在 30 岁前找到真爱——无论是真的爱情、友情还是亲情，都可以大大增加人生繁盛的概率。

好的社会关系对人们的生活质量和健康状况具有重要影响。无论是与家人、朋友还是伴侣之间的良好关系，都能够为我们带来快乐、健康和幸福。正如马克·吐温在 100 多年前就写下的这些话："时光荏苒，生命短暂，别将时间浪费在争吵、道歉、伤心和责备上。用时间去爱吧，哪怕只有一瞬间也不要辜负。"

测一测

可以从生活满意度和情绪体验两方面来测测你的主观幸福感。生活满意度量表（Satisfaction with Life Scale，SWLS）是伊利诺伊大学心理学家迪纳（Ed Diener）在 1980 年设计的，自那以后被全世界研究人员广泛使用；积极消极情绪量表（Positive and Negative Affective Scale，PANAS）是由沃森（Watson）等于 1988 年编制的，主要用于对个体情绪状态的二维测量。[①]

生活满意度量表

读一读下面的 5 个问题，然后根据你的赞同程度给每个问题打分数（依不赞同程度打 1—3 分；不赞同也不反对打 4 分；依赞同程度打 5—7 分）。

1. 我生活中的大多数方面接近我的理想。（　）

2. 我的生活条件很好。（　）

3. 我对自己的生活感到满意。（　）

4. 迄今为止我在生活中得到了想得到的重要东西。（　）

5. 如果我能回头重走人生之路，我几乎不想改变任何东西。（　）

总分

31—35 分：对生活特别满意；

26—30 分：非常满意；

21—25 分：大体满意；

20 分：无所谓满意不满意；

15—19 分：不大满意；

10—14 分：不满意；

5—9 分：特别不满意。

积极消极情绪量表

这是一个由 20 个描述不同情绪的词汇组成的量表。请阅读每一个词语并根据你近 1—2 个星期的实际情况，选择相应的数字，1 表示完全没有，数字越大表明程度越强烈。

---

① 彭凯平，孙沛，倪士光 . 中国积极心理测评手册 [M]. 北京：清华大学出版社，2022.

题号	情绪	程度				
1	感兴趣的	1	2	3	4	5
2	哀伤的	1	2	3	4	5
3	兴奋的	1	2	3	4	5
4	心烦的	1	2	3	4	5
5	强烈的	1	2	3	4	5
6	内疚的	1	2	3	4	5
7	恐惧的	1	2	3	4	5
8	敌对的	1	2	3	4	5
9	热情的	1	2	3	4	5
10	自豪的	1	2	3	4	5
11	急躁的	1	2	3	4	5
12	羞耻的	1	2	3	4	5
13	有灵感的	1	2	3	4	5
14	紧张的	1	2	3	4	5
15	坚决的	1	2	3	4	5
16	专心的	1	2	3	4	5
17	战战兢兢的	1	2	3	4	5
18	积极活跃的	1	2	3	4	5
19	害怕的	1	2	3	4	5
20	警觉的	1	2	3	4	5

计分方式：

积极情绪得分为第 1、3、5、9、10、13、15、16、18、20 题的得分之和；消极情绪得分为第 2、4、6、7、8、11、12、14、17、19 题的得分之和。

结果解释：

积极情绪得分越高，说明在过去 1—2 个星期中体验到越多的积极的情绪，反之亦然。

练一练

三件好事练习

从现在起，每天晚上，都请你在睡觉之前花 10 分钟写下今天的三件好事，以及它们发生的原因。你可以用日记本或电脑来写下这些事件，重要的是，你要有这些记录。这三件事不一定要惊天动地（"今天下晚自习路上，舍友给我买了我最喜欢的冰激凌"），当然也可以是很重要的（"我姐姐刚刚生了一个健康的男孩"）。

在每件好事的下面，都请写清楚"它为什么会发生"。比如，如果你的舍友买了冰激凌，你就可以说"因为我舍友有时候真的很有心"或是"因为我记起我上午刚跟舍友说过，想吃冰激凌"。如果你写了"我姐姐刚刚生了一个健康的男孩"，你可以把原因写成"老天保佑着她"，或是"她在怀孕期间的一切措施都很正确"。

写下生活中好事发生的原因在一开始也许会让你觉得有点儿别扭，但请你一定要坚持。一个星期后它就会逐渐变得容易了。一般来说，6 个月后你会更少抑郁、更幸福，并会喜欢上这个练习。[①]

---

① 塞利格曼. 持续的幸福 [M]. 赵昱鲲，译. 杭州：浙江人民出版社，2012.

第二章 积极情绪：成就积极心态

做自己情绪的奴隶比做暴君的奴隶更为不幸。

——毕达哥拉斯

低落的小明

　　小明是一位大学新生，刚到大学时，有些不习惯，不过适应能力还算好，不觉得很生疏，与班里的同学相处也比较好，大家对他印象还不错，觉得他积极上进。可是小明却总觉得自己压力很大——总觉得自己高考失利，大学要通过考研逆袭，未入校就给自己定了一个考研考入名校的目标。刚入学时，小明激情满满，但经过一段时间的上课和大学活动后，他发现自己在班里并不突出，有些专业课还听不懂，想到自己的目标，他感觉希望渺茫，渐渐地，干什么事情总是没有精神，情绪很不稳定。尤其是期末考试前几天，大家都在复习，他却没法静下心来复习，觉得很难受，甚至有点痛恨在认真看书的同学。小明也和原来的朋友、同学说起过现在的状态，经过他们的劝说，他也意识到：大学和高中是不同的，没有必要被别人左右，不要管别人如何学习，只要有自己的学习方法就可以了，在自己原来的基础上提高自己，尽最大的努力。可是他还是控制不了自己的情绪。

　　小明经常一个人行动，上课，自习，吃饭。他觉得一个人很自在，不受约束。他也和大家交流，平时跟舍友相处也还不错，只是习惯了独处，最大的担心还是怕控制不住自己的情绪，会影响身边的人。当情绪不好的时候，小明会控制不住自己的烦躁，坐立不安，有时会砸东西，甚至会掐自己。期末考试前的一个晚上，小明坐在图书馆自习，突然心跳加速，脑袋一片空白，不能自控地往外跑，跑到学校附近的桥上，看着河水想跳下去，结束这一切，但想到同学、老师的关心，还是给班主任老师发了一个信息和定位。

在这个"内卷"的时代，曾经埋头在题海中奋战的大学生无数次沉溺在大学的梦中，以为大学是轻松的，可以追逐自己的理想、重拾自己的爱好、去很多想去的地方，然后知道自己想成为什么样的人……而在追逐理想与探索人生之前，学业的压力和面对未来的迷茫让有些大学生止步不前，甚至找不到自己的定位，因此产生了各种情绪问题。在大学生活的你，是否会觉得一件事没做好就陷入焦虑自责？会怕自己不如别人而身陷抑郁情绪？这时，积极地调控自己的情绪就显得非常重要。

一、理解情绪

（一）什么是情绪？

情绪（emotion）源自拉丁文 e（向外）和 movere（运动），而 "move+ion" 表示一种行动、过程和状态，因此，情绪原指由一个地方外移至另一个地方。后来，这个词专用于个体精神状态的激烈扰动。当被问及什么是情绪时，你可能也意识到自己以前并不知道它是什么，但是你亲身感受和体验过它。回想下面的经历：第一次撒谎、第一次恋爱、第一次上讲台、第一次出远门、第一次拿到薪水……那种心情和体验是刻骨铭心的。通俗地讲，情绪是成功后的喜悦，是落后时的空虚；是青春期的冲动，是期盼爱人时的焦急；是恐惧、得意、悲伤、愤怒、爱慕、愧疚……

心理学家对情绪的定义也各不相同，但都承认情绪与以下四个方面有关。其一，情绪涉及身体的变化，这种变化多数是情绪的表达形式。其二，情绪是行动的准备阶段，一些人称之为"行动潜能"。其三，情绪涉及有意识的体验。当我们感知事物时，就会存在情绪体验。其四，情绪包含了认知的成分，涉及对外界事物的评价。

我们可以用一个例子来加以说明。假设你通过一片树林，正欣赏周围的自然美景，突然听到一声吼叫，一只熊出现在你面前。你马上停了下来，心跳加快、口干舌燥、肌肉紧张，感到非常害怕。你记起当遇到熊时，站在原地不动很重要，所以尽管你害怕，你还是保持不动。最后，这只熊走了，你也安全了。在这个例子中，当你在树林里遇到熊时，你的情绪表现是很害怕、恐惧。害怕的同时伴随着生理变化，如口干舌燥、肌肉紧张、心跳加速等。此外，你的害怕还以准备行动（action readiness）为特征——"要么战斗要么逃跑"（fight or flight），这是害怕的功能性例子。然而，尽管有行动的准备，但你并没有去行动，相反你仍保持在原地不动。害怕的另一部分是感受，你的确感受到了非常害怕。最后是认知成分，也是最难懂的部分。你之所以感到害怕是因为你认识到熊是你当时最关心的东西，对你的生存构成了威胁，如果你是来猎熊的，那么你当时的目的和最关心的事就不同了。因此，当你成功猎到熊时，你的情绪表现是兴奋或高兴，而不是害怕。[①]

（二）体验情绪

我们经常会说，"我感到很开心""我觉得好尴尬"……对于大多数人而言，情绪就是一种体验，这些体验使我们以某种方式行动。但是，很多时候，我们说不清楚自己的感觉，一个主要原因是在事情发生时，我们通常很难辨别自己的感觉，更不用说找到准确的字眼来表达。此外，我们的情绪常处于持续波动或变化的状态，我们可能在上一刻觉得很高兴，在下一刻又感到苦恼。而且，我们的感觉通常是各种主要情绪的混合体，要辨别起来并不容易。[②]

对于存在多少种主要情绪的问题，心理学家们至今仍没有一致的答案，在英语词汇中，有 400 多个单词是用来描述情绪感受的，尽管它们之间的区别十分细微，但仔细分析还是可以看出不同：惊慌不同于恐惧；忧虑也有别于

---

① 艾森克 . 心理学—— 一条整合的途径 [M]. 阎巩固，译 . 上海：华东师范大学出版社，2000.

② 达菲，阿特沃特 . 心理学改变生活 [M]. 张莹，丁云峰，杨洋，译 . 北京：世界图书出版公司北京公司，2006.

畏惧。一些理论学家指出，用任何可以察觉的方式表现出来的反应，如眼前突然一亮、脸上现出光彩或口干舌燥，都属于情绪的范畴。

据此，20世纪70年代，汤姆金斯（Silvan Tomkins）提出了八种基本情绪：兴趣、快乐、惊奇、痛苦、恐惧、悲愤、羞怯、轻蔑。后来，伊扎德（Carroll Ellis Izard）在他的基础上又增加了厌恶和内疚两种情绪。与此同时，美国加州大学的艾克曼（Paul Ekman）博士提出了六种基本情绪：快乐、悲伤、愤怒、恐惧、厌恶、惊奇。还有一些心理学家沿着两个维度来区分情绪：愉快和不愉快，以及强烈唤醒和微弱唤醒。因此，满意、快乐和爱的情绪归于愉快情绪一类，而愤怒、厌恶和悲伤就归于不愉快情绪一类。在唤醒强度上，暴怒的强度大于愤怒，而愤怒的强度又大于烦恼。

看了上面的分析，你肯定很惊讶，原来我们一直体验到这么多自己也未曾意识到的情绪。我们心里有时候会有莫名其妙的感觉，那是因为我们不知道自己体验着哪种或哪几种情绪。

（三）表达情绪

我们高兴时，通常会手舞足蹈；激动时，会跳起来喊叫；喜欢某个人时，通常会对他微笑；伤心时，会哭泣；羞怯时，会脸红……这些都是我们表达情绪的方式。情绪表达，是指我们情绪、情感的外在表现。

表达情绪，以及理解他人表达的能力的差异的基础是什么呢？研究者发现，在破译他人情绪上，尤其是身体姿势方面，女性要比男性强，而且对于个人负性事件，女性会表现出更加悲伤的反应。在理解我们自己的情绪状态方面，研究者发现对于令人沮丧的事件，男性会比女性做更多的反思，而且报告更多的敌意抑制；还发现，老人表达情绪的频率比年轻人低，但是他们体验积极情绪的能力仍然很高。文化和语言对我们表达情绪也有着重要作用，艾克曼等让日本和美国的大学生观看一部悲伤的影片，单独看或与一位来访者（被告知是一位科学家）一起看。在看到电影的悲伤情节时，隐藏地拍摄下被试的表情。结果表明，单独看时，日、美大学生没有差别，但与他人一起看时，日本大学生较少表露不良情绪，往往以礼貌的微笑掩盖真实的情绪，这是因为日本文化不鼓励个人公开表露自己的情绪。

我们的情绪不但驱使我们去行动或逃避，也是我们和其他人交流的主要方式。心理学家一直在争论人类的面部表情是否真的是情绪表达的关键。毫无疑问，一个人的面部、身体、姿势、声音变化和手势都会向我们泄露他的意图以及下一步可能采取的行动。然而，使情绪难以捉摸的一个重要原因是有些人会设法通过相同的机制来欺骗我们。

我们如何分辨出自己是否被欺骗了呢？曾经红遍大江南北的美剧《别对我说谎》教给我们不少识谎技巧。例如，对人不屑的时候嘴角会上扬，单边耸肩表示你对自己所说的事情不抱任何信心，抿了抿嘴表示听到了不喜欢的消息。片中的主要情节来自心理学家艾克曼，他提出识别谎言的一个有用线索就是微表情（microexpressions），这种微表情是无意识的，消失得极快，但是交流中的人们仍然能有所觉察。身体泄露（body leakage），即身体姿势也可能提供线索。

有些人害怕他们自己的内心感受，所以他们无法体验到欢乐或悲伤时更深层的情绪，更不用说表达了；而有些人对自己的情绪有较多的了解，也更愿意透露自己的感觉，无论是愤怒还是爱意。无论偏向于哪种方式，最重要的是在感觉表达和感觉控制之间找到我们觉得最舒适的平衡点，同时也需要去理解他人的情绪表达，这也有助于促进我们的交流。

（四）控制情绪

我们很小的时候就学会了在何时何地可以自由地表达自己的情绪，而什么时候最好能够将它隐藏起来。例如，当你在参加面试的时候，会尽量不让自己显得紧张；当好朋友弄坏了你的东西，你不能表现出愤怒；如果你取得了成功，你要尽量克制自己的情绪，以免别人认为你在炫耀。但在一些情况下，你需要表现出某些情绪，即使你并没有感到什么。例如，听到一个并不好笑的笑话时，你需要礼貌性地笑笑；当和你关系一般的朋友遭受不幸时，你觉得并没有什么，可是你还是会表现出遗憾之情。

情绪不仅是我们内心世界的晴雨表，也是我们和其他人交流的主要方式，因此有必要将我们的情绪控制好。学习有效地表达情绪包括自发表达情绪与有意、理性地控制情绪两者之间的平衡。每个人需要改进的方面各有不同。如果你是过于情绪化和冲动的人，在表达情绪时可能会不假思索就脱口而出，这就需要提高控制；如果你属于将情绪置于严格控制下的人，你需要做的就是放松自己，更多地觉察到自己的情绪，并且更轻松地表达它们。

怎样来提高我们的情绪控制能力呢？心理学家发现，如果我们更愿意分享自己的日常感受，我们在情绪表达方面也会变得更加娴熟。如果我们对别人为我们做的一些事情感到高兴，我们对他人充满敬佩，为什么不分享这些情绪呢？当我们渐渐习惯于分享自己的情绪时，我们也会更了解自己的情绪体验。当我们体验到愤怒或厌恶这类强烈的负性情绪时，其实，承认自己的情绪并用适当的方式将其表现出来，这样做更好些。以建设性的方式公开表达自己的情绪，这会使气氛明朗，并促进双方的交流。

二、保持积极情绪

在积极心理学诞生之前，情绪研究太过偏重消极情绪。在以往界定的基本情绪之中，消极情绪数量是积极情绪的3—4倍，情绪心理学家惯常的研究主题包括愤怒、焦虑等消极情绪，而积极情绪却往往被笼统地认定为快乐。积极情绪是指愉悦的、引起我们接近和喜爱行为的情绪。弗雷德里克森（Barbara Fredrickson）在《积极情绪的力量》中提到了10种最常见的积极情绪：喜悦(joy)、逗趣(amusement)、宁静(serenity/tranquility)、振奋(elevation)、敬佩（admiration）、兴趣（interest）、自豪（proud）、感恩（gratitude）、希望（hope）、爱意（love）。[1]

---

① 刘翔平. 积极心理学 [M]. 北京：中国人民大学出版社，2018.

（一）喜悦

弗雷德里克森描述喜悦的体验是"既明亮又轻松"，而且只有当周围的一切是熟悉且安全的，情势按照你的预期顺利发展，甚至超出你的预期，出现意料之外的积极结果时才会心生喜悦。如清早在社交媒体上不期然收到老朋友的祝福和问候，又或是初为人父母，第一次听孩子唤出爸爸妈妈。当喜悦产生时，你会忍不住面带微笑，感觉身体轻快，浑身充满活力，周遭的世界都明媚亲切得让你有想要去拥抱的强烈冲动。

心理学家将喜悦分为两种，一种是达成目标之前的（pre-goal attainment），另一种是达成目标之后的（post-goal attainment），而这两种喜悦的产生都与大脑的趋近系统（approach system）有关。趋近系统主要由背外侧前额叶皮层（dorsolateral prefrontal cortex，DLPFC）构成，尤其是左脑的 DLPFC，这一区域不仅负责调控个体的趋近行为，它的激活也能诱发与趋近相关的积极情绪。个体在追求某一目标前，大脑中的趋近系统就被激活，每向目标前进一步，喜悦就随之增加一分，尤其是当胜利在望，喜悦和兴奋可能抵达巅峰，促使我们一鼓作气直奔终点。而达成目标后，我们会在雯时间感到喜悦，但此时 DLPFC 的活动水平会随着趋近行为的结束骤降直至平复，此时个体的喜悦之情也就转瞬即逝。

（二）逗趣

逗趣更日常化的表达是搞笑。当我们身处安全轻松的环境中，某些无害但又与惯常逻辑不符的事情在我们毫无心理预期的情况下发生时，这种错位碰撞出强烈的喜剧效果往往令人忍不住地捧腹大笑。

逗趣情境的核心在于逻辑错位，所谓错位就是一种不相符、不一致，即认知失调。逗趣的"不一致"必须具备两个前提：第一，它必须无伤大雅，也就是说在这一情境中没有任何人受伤害或是感到受伤害；第二，逗趣是一种社会性的情绪。倘若一个朋友不合时宜地拿你的私事开玩笑（姑且原谅他是无心为之），让你感觉被冒犯、被羞辱，那么就算他的措辞再怎么趣味横生，你也断然不会觉出丝毫乐趣，这是因为违反了逗趣"无伤大雅"的前提。而逗趣是一种"社会性的情绪"主要表现在逗趣常常发生在社交情境里。我们自己在独处时偶尔也会有"不一致"事件发生，比方说刷牙时错把洁面乳挤在了牙刷上，这个时候我们最多也就会心一笑，情绪瞬间就溜走了，不会引起太大的内心波澜。可是，如果当时室友恰巧站在一旁，整个画面必定会让两人相视大笑。

（三）宁静

宁静与喜悦一样，带给个体的内心感受都是明亮而轻松，不同的是，宁静的体验不像喜悦那样炽烈、张扬，而是更加沉稳、内敛。弗雷德里克森将宁静比喻为"夕阳余晖式的情绪"，它往往紧接着其他形式的积极情绪而来。宁静通常源于对"当下"的关注，对当前感觉的"品味"。关注的焦点既可以是外界的环境，如令人沉醉、心生纯净的静谧风景，也可以是内在的自我，如静下心来回想过往人生中的某一幸福事件。当你全身心沉浸于某个当下时，你会感到无比享受和满足，你会希望时间就此停留，一切被定格成永恒。在这种情绪体验下，你整个人的状态会显得从容而安详，没有太过激烈的身体表达，只是不经意间会在嘴角泛起一丝微笑，偶尔也会不由自主地闭上眼睛或是张开双臂，好让身体、心灵都能更彻底地投入当下。

当前社会节奏不断加快，繁忙都市中的人群都往往表情麻木、步履急促，每个人都朝着自以为是的幸福的方向匆忙赶路，哪有片刻空闲驻足审视、关注当下。然而积极心理学告诉我们，生活需要细细品味，否则我们只会与真正的幸福渐行渐远。品味（savor）是积极心理学的重要概念。美国芝加哥洛约拉大学的布莱恩特（Fred Bryant）专门研究这一课题，他认为品味是人们懂得适时放缓生活步调，珍视并享受那些看似琐碎的生活细节及其蕴含的积极体验，品味能够让点滴的积极体验得以累积、持续以至升华。布莱恩特同时强调，品味的对象并不一定是眼前正在发生的积极事件或美好景象，怀念以往经历过的或是预想有可能发生的积极美好都能促使人们享受现在。毋庸置疑，品味就如同开启宁静情绪的钥匙。

（四）振奋

振奋源于见证了人性的卓越。它是我们看到他人身上闪现了人性的光辉，为此感动并受到鼓舞的积极体验。这些"他人"并不一定是高高在上的"大人物"，日常生活中的平凡人也能爆发出不平凡之举，引发振奋的体验。例如，纽约一名超市店员毅然跳进地铁轨道救起晕倒的陌生人，杭州一位年轻妈妈奋不顾身徒手接住从 10 楼坠落的小孩。

海特（Jonathan Haidt）研究发现，振奋能引发独特的生理体验与内心欲望。它让人的胸口有温暖感，喉咙有哽咽感，有时还会让人抑制不住流泪，这种眼泪并不带有悲伤成分，而是人们目睹人性美好之后心生欣喜的动情表达，海特将其称为"欣慰之泪"。在振奋情绪中，由于受到他人卓越表现的鼓舞与启发，人的内心会生发出提升之感，就好似整个的"身心灵"被一股力量牵引向上，人们会有一种强烈的渴望去亲身实践那些卓越，去让自己具备与"他人"一样的高贵品格。这就是说，振奋情绪能够诱发"见贤思齐"的行为动机，激励个体去追求更高的道德境界。正因如此，弗雷德里克森也对振奋推崇有加，称许它是一种极为重要的"自我超越情绪"（self-transcendent emotion）。

（五）敬佩

振奋乃是源于耳闻目睹了他人卓越的道德表现，而在不关乎道德的情境中，我们往往也会因为他人某种超乎寻常的禀赋、才能或成就而感到惊叹和鼓舞，这种情绪便是敬佩。如置身于梵蒂冈西斯廷教堂，仰望那美轮美奂的《创世纪》壁画，你会由衷赞叹米开朗琪罗超凡绝尘的绘画造诣；或是看到翼装飞行运动挑战者从张家界的峭壁跃下，延展双翼穿越天门洞的瞬间，你会忍不住为他的非凡胆魄拍手叫绝。

弗雷德里克森认为，他人任何自我突破的卓越壮举，但凡在你心中引起了深深的共鸣，让你感到这一表现已全然超越了你凭借以往经验所能想象的最高境界，敬佩之情便会在此刻浓烈地生发。除此之外，当面对自然界的某些奇观异景，譬如气势磅礴的高峡飞瀑或是恍若仙境的云海佛光时，我们也能够感受到敬佩。在这种情境下，我们惊叹于大自然包罗万象、幻化无穷的创造力。不论在什么情境下，一旦你内心充盈了敬佩情绪就会体验到伴随着惊奇的欣赏与敬意，一些以往笃信的"不可能"仿佛奇迹般降临在眼前，彻底颠覆你的经验世界，你会有种被征服的感觉，会真切意识到自己与高于自己的某些所在产生了心理的联系，这正是敬佩的提升性的体现。因此，它与振奋一样，也被称为自我超越的积极情绪。

（六）兴趣

兴趣产生的条件是，你置身于绝对安全的环境之中，但有一些陌生、新异的事物吸引了你的关注，此时你会有眼前倏地一亮、头脑顿时清醒的感觉，心中会对新鲜事物生出无数的好奇和憧憬，进而会在这种美好期待的牵引下去接触并接纳新鲜事物。设想你刚淘到一本情节新奇、引人入胜的科幻小说，于是按捺不住好奇心，废寝忘食想要一口气读完它；或者你新涉足一项充满乐趣、富有挑战的休闲活动，像是瑜伽、攀岩、某种乐器或手工才艺，你会兴致盎然，甘愿投入大把时间去学习它、掌握它，去享受自己技能不断提升的过程；又或者你热衷于发掘市井街巷的各色美食，每当有新发现，必定满心期待、乐此不疲地去尝新探奇。在这些情境中，你都能体验到同样一种积极情绪——兴趣。

兴趣作为情绪体验具体包含两个动力行为维度：探索（exploration）与专注（absorption）。前者意指兴趣能够诱发个体对于新奇与挑战的强烈渴望，因而也就扩展了注意的广度，使个体能在环境中敏锐感知新奇性/挑战性刺激；后者则是指个体一旦将兴趣锁定在某项新奇事物或挑战活动上，便会高度集中注意力、全神贯注投入其中，这意味着兴趣能够促进注意的深度，从而确保个体最大限度汲取新的知识或技能，可以最大限度地开启人们的智力与潜力。

（七）自豪

相比于其他积极情绪，自豪的与众不同之处在于，它是一种自我意识情绪（self-conscious emotion），就像这一情绪家族中的羞耻、内疚、难堪一样，体验自豪需要个体具备一定的自我反省与自我评估的能力。当我们取得某些成就，并因此赢得了他人的认可和尊重时，我们就能清晰感受到自我价值的极大提升，自豪之情便从心底油然而生。所谓成就，并不一定惊天动地，毕竟问鼎诺贝尔奖、摘取世界冠军之类的壮举不是人人能企及的。成就源于日常生活的各个领域。例如，小孩子破解了线索隐秘的拼图游戏，中学生取得了名列前茅的考试成绩，科学研究人员发表了颇具新意的学术观点，或是家庭主妇烹调出了全家称赞的新式菜品……只要人们为一件事投入了辛劳和努力，并且最终有所收获，就是创造了成就，它并不是宣告我们有多优于别人，它真正的意义在于我们超越了以往的自己，发挥了过去未曾发掘的潜力。

在自豪情绪中，我们不仅会为取得成就感到欣喜，更会由衷地体验到自己是多么了不起，自豪带给个体的感受是其他很多情绪都无法比拟的。

（八）感恩

感恩是当我们感到自己受到某种恩惠时产生的积极体验，大多数情况下，恩惠来源于他人施与。感恩的前提是他人施与是无私的、高尚的。倘若你意识到他人的恩惠并非出于仁善的本性，而是一己私利，那么不管他带给你多丰厚的利益，你都体会不到丝毫感恩。只有当你感到他人的动机纯粹只是想帮助你，而且他们的施惠行为在一定程度上牺牲了自己的利益，却增进了你的福祉时，你才会生发出感恩之情。而你感知到的他人的牺牲越大，自己的获益越多，你心中的感恩之情也就越浓。

有些时候，感恩并不源自某个具体的施与行为，而是自己的富有。我们都有过这样的日常经验，会在某一特定时刻，突然感怀自己所拥有的美好事物。例如，幸福的家庭、体贴的爱侣、健康的身体，我们会将这些视为老天的恩赐惠赠，由此而体验到深深的感恩。在这种情形下，感恩的对象是超乎个人的无形所在，这是一种更高层次的感恩情绪。常常体验这种感恩情绪的人，往往有着卓越的精神灵性（spirituality）。

（九）希望

不同于其他的积极情绪大都在你感到心无挂碍、情势合乎预期甚至超乎预期之时悄然而生，希望是在困顿与逆境中孕育而生的。当你面对事态失去掌控、前途晦暗不明，内心充满了对未来不确定性的担忧与惶恐时，倘若此刻你燃烧意志、奋力挣脱这些担忧与惶恐，希望就会冲破束缚热烈绽放。而往往境遇越悲惨，担忧与惶恐越深沉，其中蕴积的希望也就越炽烈。

弗雷德里克森认为，希望的核心其实是相信无论情况多糟糕，事情总能够好转的信念。在绝望的处境中，希望是你的支撑，事情总是能够好转的信念就像黑暗中的那一丝微弱的光明，让你不被绝望的黑暗吞没。希望还是一种未来导向的积极情绪，它能够引导你着眼于未来，将注意力放在为未来做规划上，促使你在令人失望的现状中坚持不懈地努力，激发你的潜能去主动创造转机，改变现状，争取更美好的未来。

（十）爱意

爱意是最具有包容性的积极情绪，当你因为生命中的重要他人而感受到上文所提的9种积极情绪（喜悦、逗趣、宁静、振奋、敬佩、兴趣、自豪、感恩、希望）时，它们都能转化为爱意。

各种积极情绪可以同时发生，组成人生的精彩。当你还是孩童时，对于每一次取得的成功，父母的认同与欣慰甚至要比成功本身带给你更大的喜悦。每当遭遇挫折，父母的抚慰与鼓励总能让你重燃扬帆起航的希望。这份喜悦或希望承载的是父母深沉的爱意。你与爱人初识，他/她的一言一行完全占据你视线的焦点，每对他/她多一分了解、多一点靠近都会让你欣喜，这激起你未曾体验过的炽烈兴趣。而当你们确立恋爱关系，此时你希求的莫过于彼此相偎相伴的二人世界，无需任何言语，你会感到一种源自灵魂深处的祥和与宁静。这份兴趣或宁静是伴侣之间的甜蜜爱意。当你为人父母，观察孩子初学写字、为你制作第一张生日卡，看到那笨拙而童真的涂鸦，还有歪歪扭扭的"生日快乐"字迹时，你会忍不住笑出声，发自内心体验逗趣。当孩子一天天长大，每每见证他的进步与成绩，你总会像自己获得成功一样满腔自豪、难以自抑，涌动在这逗趣或自豪中的，是亲子间血脉相承的绵绵爱意。人生在世不可或缺的当然还有友谊，你欣赏朋友的长处，朋友的成就让你敬佩，也激励你去追求自我的实现；又或者你身边有这样的朋友，虽然平日不常联络，但在你需要帮助之时会为你雪中送炭，朋友这样的支持与付出不仅会唤起你由衷的感恩之情，这种无私义举中蕴含的人性闪光也将深深撼动、振奋你的心灵，无论是敬佩、感恩还是振奋，其中流露出的都是朋友相互扶持的爱意。总而言之，任何积极情绪都能在特定时刻、特定情境下转化为爱意，从这一层面看，爱意应该是每个人一生中体验最多的积极情绪。

三、接纳消极情绪

（一）利用好焦虑

尽管焦虑是一种令人不愉快的情绪，但它可以作为一种情绪警告信号，让我们警惕威胁或危险。当威胁是真实的并且可以确定时，焦虑会促使我们采取必要措施来避免这类不幸的发生。承受着英语四级考试压力的学生可能会自觉地拿起书本，挑灯夜战，结果不仅通过了考试，还提高了英语水平；一位需要做一次重要演讲的人可能会受到焦虑的驱使，不断地练习，在演讲时，因为他的充分准备而取得很好的效果；作为大学生，我们会对自己的前途很焦虑，这促使我们学好专业课以准备考研，或者多参加社会实践，为将来的工作做准备。遗憾的是，当实际上并不存在威胁时，焦虑就会影响我们的生活了。在演讲台上，我们担心自己表现不好，而声音颤抖、心跳加速、忘记演讲词，这会严重影响我们的表现；在考场上，由于过度担心老师的评价，使我们忘记复习过的知识，最后成绩很糟。倾向于长期焦虑，或者"无缘无故"地感到忧虑的人容易对充满压力的情景反应过度，因而把情况搞得更糟。此外，高度焦虑会扭曲我们的知觉和思维，从而影响我们的表现，因为焦虑也会消耗我们的精力。

对于大多数学生而言，考试焦虑是一种很常见的问题。那么考试焦虑是会帮助你更好地学习，还是会阻碍你的表现呢？这很大程度上取决于你自己以及情景。一般来说，焦虑和考试成绩之间的关系呈倒 U 形曲线，即焦虑水平低时，我们没有什么动机，表现也不是太好；中等水平会提高我们的表现；高度焦虑时，人们会变得心烦意乱、注意力不集中，因此表现会越来越差。同时，人们的最大焦虑水平有很大的个体差异。焦虑水平相对低的人通常只能在面临挑战时，如在竞争激烈的情况下才能做到最好。而焦虑水平偏高的人在压力较少的情况下表现得很好，至少对困难的任务而言是这样。同时，难度大的任务，在低焦虑状态下，完成得更好；而难度小的任务，则在高焦虑状态下，完成得更好。你可以根据自身对动机和技能的掌控，结合具体的情景，调节自己的焦虑水平。①

焦虑是一种情感，它需要我们注意，需要我们面对、了解，如果我们好好利用焦虑，那么它就是我们的朋友；如果我们没有好好处理它，那么它就会成为我们的敌人。

（二）控制愤怒

生活中，我们常常见到这些情景：在一个有争议的裁决后，篮球教练对裁判大声叫骂；在谈判过程中，人们用拳头猛捶桌子来加强自己的观点；在与人争论时，一些人面红耳赤，脚跺地面。上述这些人都在发泄愤怒——对不当待遇的不满或愤恨之情。愤怒是一种不良的情绪表现，这种表现会对我们的

---

① 卡尔. 积极心理学：关于人类幸福和力量的科学 [M]. 郑雪，等译 . 北京：中国轻工业出版社，2008.

健康造成影响。

我们应该认识到在某些情况下，愤怒是一种自然的反应，但愤怒表现得过多，或者是表达的方式不恰当，都有可能引起不好的后果。

在表达愤怒时要记住下面几个原则：

- 让别人明确地知道你为什么生气。
- 不要赘述过去的事，仅仅指责眼前的过失即可。
- 永远不要涉及他人的家庭、种族、宗教、社会地位、外貌或说话方式。
- 不要限制别人发火。当你向别人怒吼时，对方也有回敬的权利。
- 如果你在其他人面前不公正地对一个人发了火，那么，你就一定要当着其他人的面向他道歉。
- 你发出的言论指的应该是行为，而不是指某个人。换句话说，你可以批评他人的工作，但不要指责他人的才智。
- 不要将事情做绝，要给自己留有余地，在你冷静下来后，可以重新考虑。如果可能的话，给对方留一条后路。假如对方主动纠正了过失或道了歉，你就不要继续发火了。

如果真的遇到让人愤怒的情况，可以试试用"冷静三部曲"来应对。

第一步，转移注意力。当愤怒的情绪开始升腾时，冲动的言辞只会使事情变得更糟。此时，保持冷静至关重要，尽管这并不容易。你可以试试这样的方法：从1数到10、找个没人的地方大叫几声，或者捏捏橡皮泥、撕张废纸。

第二步，整理思绪。有时，可能只是一件微不足道的事就能让我们大发雷霆。到底是什么触动了你的愤怒呢？试着向自己提出这些问题——是不是觉得自己受到了伤害？对方是故意伤害你的吗？你确定自己的解读没有问题吗？是不是过于敏感了？事情真的严重到需要发脾气的地步吗？有没有其他方法可以解决问题，而不是发怒？你是想通过愤怒来震慑对方，还是希望和他进行交流？

第三步，表达情绪。一旦你觉得自己已经控制住了情绪，就可以开始表达自己的感受了。但请注意，不要喋喋不休，不要打断对方的话语，也不要在对方面前退让。只有通过修复你们之间的关系，才能真正达到目的，让每个人都能维持自己的立场。表达愤怒的好处不仅仅是让自己出一口气，更重要的是能重建自我认知以及和他人的关系。

俗话说："不会生气的人是愚人，但不生气的人才是聪明人。"对于某些不公正的事情，我们应该勇敢地表达愤怒，展现出我们的正义感。但同时，我们也要学会掌控愤怒。在人与人之间的日常交往中，我们应该用理智来控制情绪。另外，我们还要学会释放愤怒，把内心的困扰和不满都发泄出来，让自己的心情变得更加宁静、轻松和愉悦。

（三）战胜害羞

早在 1941 年莱温斯基（Hilde Lewinsky）就提出"害羞是一种社交现象"，津巴多（Philip Zimbardo）在美国几个大学做的调查得出：40% 以上的人报告害羞，25% 的人描述他们长期害羞，7% 的人说他们没有经历害羞。20 年后，津巴多又调查得出害羞的发生率可能高达 48%，并有仍在上升的趋势。他使用文化敏感性适应的斯坦福害羞调查表，由 8 个不同国家的人组成的成员负责调查大学和工作情境下的 18—21 岁的群体。结果表明大多数文化下的被试都体验到害羞——伊拉克最低为 31%，日本高达 57%。墨西哥、德国、印度、芬兰的害羞与美国的统计相似为 40%。[①] 可见，害羞是社交活动中的一种很普遍的现象，被定义为社交情景中的不舒服、抑制、笨拙或一种逃避社交活动和不能适当地参与到社交情景中的倾向，会影响我们的人际关系，生活质量。

害羞和非害羞的人在人际交往中的表现也存在很大的差异。害羞的人总是不敢表达自己的观点，他们害怕与陌生人或者权威者交谈，容易脸红、紧

---

① Carducci B J, Zimbardo P G. Are you shy? [J]. Psychology Today, 1995(6): 34-40.

张，甚至身体发抖，总之他们会逃避社交情境。研究发现，害羞者在社交情境中，容易注意威胁的信息，如愤怒的脸。

人们为什么会在公众场合不自然、紧张、害羞呢？很多人其实是担心有人在看自己，怕自己出丑，在异性或者权威者面前更是如此。这就是聚光灯效应（spotlight effect），在害羞者身上表现得尤为突出。心理学家进行了一组研究，被试是选修讨论课的学生和校排球队的队员。第一组是讨论课学生，让他们对自己和讨论课的同学的外表进行评定。在整个学期中，要求学生对以下几项内容进行评定：与平时相比，班里的每个同学这一天看起来怎么样；与自己的平时相比，班里的同学对自己今天的样子会做出什么样的评定。第二组是排球队的队员们，也是要求他们在整个学期中进行如下内容的评定：与平时的打球水平相比，这一天每一位队员的表现怎么样；与自己平时的水平相比，其他队员会对今天自己的表现做出什么样的评定。结果显示，每个人都会高估他人对自己的变化的关注度。有的人甚至十分肯定地认为，别人注意到了他今天的发型不好看或者他今天的发球和打球的一点失误。但是事实上，调查表明，别人根本没有像他们本人认为的那样关注到他们的表现和变化。这说明，我们并不需要对自己日常生活中的外表和表现提心吊胆或者过于担忧，虽然我们认为自己在被关注，可事实上没有人那么注意我们。

关于如何应对害羞，心理学家福特（Loren Ford）提出了三个步骤[①]。

确认你的害羞。确定出什么样的情境和环境更容易激发你的反应。确定每种环境下的起因和那些会激起你的害羞的想法。问一个朋友你怎样才能加以改进。

建立自尊。建立起你在生活中想成为的样子的标准。记住，你可以控制你自己怎样看待自己。设定理想的目标，不要对自己要求太多，以一种积极的方式对自己讲话，记住自己是一个很好的人。

提高你自己的社交技能。找到一个榜样角色，观察他是怎样同别人互动的，然后模仿那些行为。微笑，让自己同别人有目光的接触。倾听，真正地

---

① 福特.人际关系：提高个人调适能力的策略 [M].王建中，等译.北京：高等教育出版社，2008.

关注别人。演练一下你想说的话（可以使用录音机），然后练习一下你想怎样发声。记住，你不是孤独的。

四、获得积极情绪的方法

（一）情绪调节是个模型

卡拉特（James Kalat）提出了情绪调节加工模型，并对情绪加工机制进行了假设：我们进入到某个情景中；我们对情景中的某些方面产生注意；我们对注意到的内容进行解释和评价，促进情绪反应的产生；我们体验到情绪，包括生理变化、行为冲动和主观感受。可以用生活中的一个例子来加以说明：周末，你可以待在家里或和朋友去逛街，你选择了去逛街；在商城你看到你男朋友跟另一个女孩子在一起；他怎么能偷偷背着我跟其他女孩子在一起（那女孩好像是他妹妹）；你感觉很气愤，在朋友面前破口大骂他（你觉得没什么，还过去打招呼）。

这个模型提出了三种情绪调控的方法：第一种是情景掌控策略，即选择或改变所处的环境来影响情绪；第二种是认知重构策略，通过调整我们的思维方式来抑制或增强某些情绪；第三种是情绪反应策略，适用于情绪已经产生的情况，旨在改变个体的情绪状态。①

下面，我们将具体地介绍这三种调节方法。

1. 问题关注：控制情景

卡拉特认为，如果可能的话，最理想的减少压力的方法是改进产生压力的环境。如果你担心下周即将进行的考试，虽然你可以通过深呼吸来使自己平静，但是花更多的时间来学习，效果会更好，这样会减少焦虑的来源；如果现在的专业使你很痛苦，你可以强迫自己学好，但是更好的方法是考虑转专业或者考研时换专业；如果你的室友作息很不规律而影响到你的睡眠，你可以

① 希奥塔，卡拉特.情绪心理学 [M].周仁来，等译.北京：中国轻工业出版社，2021.

戴上眼罩或耳机使自己免受干扰，也可以直接告诉他，他影响到你了。当你成功地处理或者改善了环境，你就会减少压力的来源。

你可能也会有疑问，我们为什么要去忍受让自己不愉快的环境呢？因为人们并不是总能够认识到自己对环境有所控制，也就是说人们不认为自己有能力改变不愉快的环境，因此他们不去尝试。即便是想象自己对情景具有某种控制也可以减少消极情绪。想象你参加了这样的实验：你需要完成一个难度较高的校对任务，在你旁边有一台会突然发出很大噪声的令人讨厌的机器。你被告知这个实验的目的在于检验噪声对你行为的影响。在开始实验之前，你还会看到一个"逃离按钮"；毕竟，这个研究的目的在于检验噪声对你行为的影响。按钮仅仅是为了"防范"。几乎所有的人在完成任务的过程中都没有使用该按钮，所以他们并不知道这个按钮是否起作用。但是，与没有被提供"逃离按钮"的被试相比，有按钮并且相信按下此按钮可以停止噪声的被试校对任务完成得更加优秀。

你可以通过想象挑战出现时你的作为来获得一种控制感。例如，你要在权威专家面前做一次答辩，你可以想象你在报告的时候说些什么，专家对你报告的反应，你又会怎么回答。你也可以通过心理预演的方式来获得控制感，你可以先在几个朋友面前或者想象出一些专家来做报告。通过这些方法、这些训练，我们能够获得控制情景的能力，可以将这些技巧运用到更正式更具有挑战性的情景中。

2. 改变你的想法：艾里斯（Albert Ellis）的 ABC 理论

从前有个老太太，她的两个女儿都出嫁了，大女儿嫁给染坊的老板，小女儿嫁给卖伞的商人。但老太太还时刻挂念着两个女儿。下雨天，担心大女儿家染坊的布晾不干；晴天，担心小女儿家的雨伞卖不出去。所以老太太整日愁眉苦脸，忧郁憔悴。这时，有位高人路过，见到老太太，了解了原委后便指点她："只要把想法换一换，下雨天想小女儿的伞，天晴了想大女儿的布，你就是一个幸福无比的人。"老人照此去做，果然灵验。同一个现实，不相同的看法，其所引出的感受自然不同。

我们通常对所面对的情景不能有所控制。有时候，事情已经发生了，我们没有办法改变它。例如，你考试挂科了，自己的亲戚遭受重病的折磨……在这样的情况下，如果我们能换一个角度看问题，就会改变我们的情绪。

美国心理学家艾里斯于 1955 年创立理性情绪疗法（rational emotion therapy，RET）。该理论的核心是：情绪不是由某一诱发事件所引起的，而是由经历这一事件的主体对此事件的解释和评价所引起的。该理论中最有名气、影响力最大的就是 ABC 理论[①]。

A（activating events）：诱发事件。

B（beliefs）：个体遇到诱发事件后相应的信念，即对事件的看法、解释与评价。

C（consequences）：特定情景下，个体的情绪及行为的结果。

艾里斯认为，情绪困扰的个体是因其非理性、不合逻辑的思考方式（B）所致，而不是因为事情本身（A）所致，所以，我们要做的是去除或修正引起情绪困扰的非理性想法（B），这就需要我们跟非理性想法（B）进行辩论（dispute，D）并代之以理性想法，产生好的效果（the effect of disputing，E），因此，ABC 理论就扩展为 ABCDE 理论。

艾里斯认为不合理信念包括三类。

- 绝对化倾向：指一个人以自己的意愿为出发点，对事物怀有认为其必定会发生或不发生的信念，常与"必须""应该"这类词联系起来。例如，"我必须考好""没有人能理解我""我不应该是这样的"。

- 过分概括化：是一种以偏概全的思维方式。例如，面对失败时认为自己一无是处，永远是个"失败者"，"我一无是处""我没有一样可以"。

- 糟糕至极：认为一件自己不愿意发生的事情发生后，必定会非常可怕，非常糟糕，非常不幸，甚至是灾难性的。例如，"完蛋了，我永远也没有机会了"。

---

① 艾里斯. 别跟情绪过不去 [M]. 广梅芳，译. 成都：四川大学出版社，2007.

他还列出了人们常有的 10 种不合理信念。

- 人应该得到生活中所有对自己是重要的人的喜爱和赞许。
- 有价值的人应该在各方面都比别人强。
- 任何事物都应该按自己的意愿发展，否则会很糟糕。
- 一个人应该担心随时可能发生的灾祸。
- 情绪由外界控制，自己无能为力。
- 自己身上已相对稳定的东西是无法改变的。
- 任何问题都应该有一个正确、完满的答案，无法找到正确答案是不能容忍的事。
- 对不好的人应该给予严厉的惩罚和制裁。
- 逃避困难、挑战与责任要比正视它们容易得多。
- 要有一个比自己强的人做后盾才行。

请你们以考试焦虑为例来运用这个理论进行练习。

记住：我们的烦恼，不是源于我们的遭遇，而是源于我们对世界的看法！换一副眼镜，会赢得一份好心情！

3. 情绪关注策略：表达你的情绪

当我们面对一种超出自己能力范围的创伤或挑战时，如果设法遗忘它，或者隐瞒它，那么我们的健康就会受到伤害。在儿童期和成人期经历伤害和丧亲的个体，如果他们不愿意说出这些创伤性事件，那么这些人的身体健康水平更差。

有许多方法可以处理这些负性的记忆，每一种都要求我们记住这些创伤，把它保持在意识之中，当这种沉重和无奈的记忆与我们对自己的总体评价联系在一起时，个体必须容忍由这些记忆引起的焦虑。这种应对机制意味着当事人持续暴露在创伤记忆里，而这通常伴随着创伤性记忆生动形象的重述，即当事人再次体验到这种经历。这种在值得信赖的人际背景中重述记忆以减轻创伤的过程被称为宣泄。

美国得克萨斯州大学奥斯汀分校的彭尼贝克（James Pennebaker）教授花了 20 多年的时间研究创伤性记忆的重述影响。在他的一个研究中，他请来了具有代表性的不同群体的个体（学生、灾难幸存者、各种创伤的受害者、最近被解雇的人）来参加实验并要求写下他们的经历。这个实验的步骤包括在连续 4 天的时间中，每个被试花 15 分钟单独写下自己的经历。实验随机安排一半的被试写下创伤经历，另一半被试则写下他们在前 24 小时内所发生的琐碎事。实验要求写下创伤记忆的被试用具体和随意的方式把他们的创伤事件一口气写下来，并毫无隐瞒地写下与创伤有关的最深层的想法和感受。

实验后，每隔 6 个月对这些被试进行追踪调查，并对两组被试的健康状况进行比较。结果显示：写下创伤记忆的被试比写下琐碎事件的被试免疫系统运行得更好，健康状况更好，更少生病。

研究结果强烈地暗示了宣泄与健康之间的关系。我们应该定期写下自己必须面对的困难。我们应该一口气把事件的客观情况和由这些情况引起的我们最深层的想法和感受写下来。我们在写的时候不要受到其他人的干扰，独自一人进行。这个记录应该是写给我们自己看的，而不是写给朋友或知己看的，因为只有当我们是记录的读者时，才会坦然地写下真实的想法和感受。写完后我们可能会暂时觉得悲哀或抑郁，但是从长远来看，这种做法对我们的健康是有益的。

写下和说出创伤性事件是如何对我们的健康发生作用的呢？创伤性事件会对我们的健康产生影响，可能是通过将杏仁核中储存的情感重负记忆转化为海马中较弱的情绪记忆。因此，当回忆起这些事件时，我们可以选择提取海马中储存的较弱情绪记忆。这个假设表明，宣泄应对可以帮助我们绕过情感重负，开辟一条新的支路。然而，它并没有完全消除储存在杏仁核内的情感重负，而且这种创伤性记忆有时可能会被一些大的刺激诱发出来。因此，需要进一步的研究来证实这个假设。

此外，对正性体验进行记录也可以改善以后几个月的心情和健康。

当我们经历愉快和不愉快的情绪时，把它表达出来！在表达负性情绪的时候，我们的问题也在表达的过程中解决了；而正性情绪的表达，则让我们感到轻松，从而产生更加正性的情绪。

其实还有其他的情绪关注策略效果也很好，如锻炼、放松等，这些我们会在第四章中做详细的介绍。

（二）习得希望和乐观

请想象一下在你参加一场重要考试的前夜，一位同学打电话告诉你一个不幸的消息：在以前修这门课的班级中，有超过60%的学生挂科。你马上意识到大事不妙，但是仍然刻苦为考试做准备，相信如果以正确的方式去处理这件事情，你还是会获得好成绩的。你决定再学习一个小时，然后美美地睡一觉，这样明天就会精神奕奕。你会怎样形容你在这种情况下产生的情绪呢？根据斯奈德（Rick Snyder）及其同事的观点，这就是希望的本质所在——在充满挑战的处境中表现出高昂斗志，而且头脑中不断产生有助于达到期望的计划。对未来抱有希望的人也是乐观的。乐观通常被定义为一种期望，觉得将来多半会有好事情发生。从这个角度看，乐观就是一种更容易使人产生希望情绪的评价。这种乐观通常用一份被称为《生活定向测验》的问卷来测量。以下是其中的一些例题。

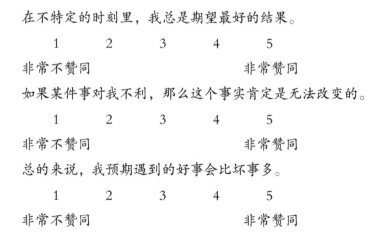

在不特定的时刻里，我总是期望最好的结果。

      1   2   3   4   5

非常不赞同   非常赞同

如果某件事对我不利，那么这个事实肯定是无法改变的。

      1   2   3   4   5

非常不赞同   非常赞同

总的来说，我预期遇到的好事会比坏事多。

      1   2   3   4   5

非常不赞同   非常赞同

正如你可能会猜测的那样，一个乐观者会赞同第一条和第三条，而不赞同第二条。一个悲观者则相反，他会赞同第二条而不是另外两条。研究发现，在面对生活压力事件时，乐观的人很少有患身体疾病、抑郁和自杀的；而悲观的人则更容易抑郁。研究还发现，面对亲人的死亡时，乐观者倾向于采取积极的应对方式，如用积极方式重新评价，寻求社会支持，通过运动和兴趣爱好转移注意力；而悲观者则采用消极的应对方式来转移注意力，如酗酒、玩游戏等。乐观者认为亲人去世提醒他们生活需要重新开始。他们开始认识到生命的脆弱，人应该生活在当下而不是过去和未来，开始更多地关注重要的人际关系，乐观的人能在亲人去世后 6 个月内发现一些积极意义，表现出较好的心理调节能力，并在随后的 18 个月表现出较少的抑郁或焦虑症状。

积极心理学的倡导者塞利格曼认为乐观是一种解释风格，而不是普遍的人格特质。乐观的人把消极事件或体验归因于外部的、暂时的和特殊的因素，如当前的处境，悲观的人则把消极事件或体验归因于内部的、稳定的和普遍的因素，如个人失败。所以乐观的人会说没考好是因为出错了题目，或考场空气不新鲜所以不能集中注意力；悲观的人会说自己没学好或自己比较愚钝。

塞利格曼认为乐观是可以习得的，他以贝克（Aaron Beck）和艾里斯的认知治疗模型（在本章前面已详细介绍）为基础，提出了如何帮助我们从悲观解释风格向乐观解释风格转变的方法。他教我们在每个消极情景中，学会用 ABC 理论分析和解释不幸，改变不幸发生时的不良信念和想法，以及情绪变化的不良结果。[①] 我们举个生活中的例子来加以说明。

A= 事件（adversity）：朋友不打电话给我。

B= 信念（beliefs）：他不再在乎我们的友谊，因为我总是令人厌烦。

C= 结果（consequent mood change）：我的心情变得非常糟糕（10 点抑郁量表上的得分从原来的 3 分变成了 8 分，1= 非常快乐，10= 非常抑郁）。

从上面的例子可以看到之所以产生 C（抑郁情绪），是因为有了 B（把不好结果归为自身因素）。要使我们心情好，最主要还是改变 B。塞利格曼认

---

① 卡尔.积极心理学：关于人类幸福和力量的科学 [M]. 郑雪，等译 . 北京：中国轻工业出版社，2008.

为可以通过分心（distraction）和辩论（disputation）来改变 B，以产生效果
（energisation）。

分心指通过做一些别的事情来转移注意力，阻止自己对不幸事件的悲观
解释，主要技巧如下。

- 用手拍桌子，并且大声喊"停"字（比较适合一个人独处时）。
- 在手腕上绑一个橡皮筋弹自己一下。
- 尽量过会儿再思考这个问题。
- 不幸的事情一发生，将对它的悲观解释写下来。
- 将注意力放在别的事情上几分钟，比如你可以投入地听音乐，吃个
  橘子。

辩论是一种内部对话过程，目的是为不幸事件找出一个更合理的解释，
可以从以下四个问题进行讨论。

- 这种悲观解释的证据是什么，这些证据是否确实？
- 是否有其他可能的乐观解释，让我们把不幸归因于外部的、特殊的和暂
  时的因素？
- 如果找不出一个合理的乐观解释，那这种悲观解释的消极影响是长期的
  还是暂时的？
- 如果不能决定哪种解释的证据更充分，那么哪种解释对我产生积极情绪
  和达成目标是最有用的？

我们以前面的例子来学习 ABCDE 技术。

A（事件）：朋友不回我微信。

B（信念）：他不重视我，因为我总是令人厌烦。

C（结果）：我的心情变得非常糟糕（10 点抑郁量表上的得分从原来的 3

分变成了 8 分，1= 非常快乐，10= 非常抑郁）。

D（分心和辩论）：看看你们以前在一起玩时的照片和他给你的留言分散注意力。寻找证据？找出他很在乎你的证据，他经常关心你，在你生病的时候还赶过来照顾你。其他可能？他可能最近很忙，也可能遇到了一些难处理的事情。另一种思路？即便他不在乎这份友谊，那也没什么，我还有很多其他朋友呢。作用？他是因为自己的一些事情不给我打电话，而不是我的某些不好才不给我打电话。

E（效果）：我现在感觉快乐多了（10 点抑郁量表上的得分又回到了 3 分）。

细心的读者，你们注意到塞利格曼的 ABC 和艾里斯的 ABC 的区别了吗？其实两者的核心思想是一样的，塞利格曼借用了艾里斯来教我们乐观的解释风格，不同的是，塞利格曼的 D 包括了分心和辩论两个方面，E 也稍微有点不同，但本质是相同的。

☀ 幸福实践

心理学实验

情绪能影响身体免疫力

美国威斯康星大学开展了一项心理学研究。研究人员在52名成人接受流感疫苗注射之前，对他们的情感状况进行调查。要求参与者或者思考并写下极端高兴的情感经历，或者思考并写下极端恶劣的情感经历，同时，研究人员通过脑电记录，分析他们的大脑活动，发现那些经历极端消极情绪的个体的右额叶活动异常增强（右半球与消极情绪体验相关，而左半球则与积极情绪体验相关）。6个月之后，研究人员对参与者抽血检测，发现经历极端消极情绪者血液中流感病毒的抗体水平（免疫系统产生抗体）明显低于经历极端积极情绪者。这表明个体经历的消极情绪确实对机体免疫系统的功能产生了抑制作用。

而卡内基·梅隆大学的科恩（Sheldon Cohen）与同事也开展了一项积极情绪提升免疫力的研究。他创设了引发感冒的致病环境，想要验证积极情绪是否真能直接击退病毒，降低患感冒的概率。334名被试全都是在清楚知晓可能的风险的情况下自愿参与实验。研究者为了能准确把握被试真实的情绪状况，确保实验万无一失，先在一段时期内对他们日常的积极/消极情绪做了持续监测，然后便让他们接触感冒病毒，预期结果竟真的发生了，在控制了年龄、性别、消极情绪水平、对抗病毒的抗体水平等因素后，积极情绪仍与患感冒率有着显著关系，被试的积极情绪越高，就越能对病毒免疫，感冒风险也就越低。

实验结果形成鲜明对比：消极情绪对人体免疫系统产生了抑制作用，而积极情绪对人体免疫系统产生了促进作用。

看了上面的实验，你是不是觉得受益匪浅，同时感叹情绪的力量真奇妙？是的，情绪确实是个我们天天在体验但是依旧很神奇的东西。不少的心理学家从情绪的不同角度对其进行了研究。情绪是一种融合主观体验、生理唤醒以及行为表达的心理活动，它渗透在我们每天的生活之中，我们所说的每句话、所做的每件事都包含着情绪的成分。而过往的心理学依循"类医学"的病理模式，过分聚焦焦虑、抑郁等消极情绪。而当代积极心理学主张将研究重心移至积极情绪，消极情绪与积极情绪是两个相对独立的系统，都具有适应意义。心理健康的人具有完整的情绪系统，一方面可以调节消极情绪；另一方面可以调动和利用积极情绪，从而激发潜能，实现完善与超越。

测一测

你的情绪调节能力怎么样？

采用由格罗斯（James Gross）编制的情绪调节量表（Emotion Regulation Questionnaire，ERQ），共 10 个项目，7 点计分，得分越高，表明情绪调节策略的使用频率越高。[①]

请根据你的实际情况，写上符合你实际的数字，以 1—7 的数字表示你的赞同度，1 是非常不赞成，7 是非常赞成。

1. 当我感到高兴、快乐时，我就改变我所考虑的事情，比如"其实这样也不错"。　　　　　　　　　　　　　　　　　　　（　）

2. 我保持自己的情绪不外露，不让他人看出来。　　　　　（　）

3. 当我想少感受一些悲伤、愤怒时，我改变我所考虑的事情，比如"算了，她就是一直讨厌我"。　　　　　　　　　　　　　　（　）

4. 当我正感受到高兴、快乐时，我会很小心地不让它们显露出来。　（　）

5. 当我面对压力的时候，我使自己以一种有助于保持平衡的方式考虑它。
　　　　　　　　　　　　　　　　　　　　　　　　　（　）

① 彭凯平，孙沛，倪士光.中国积极心理测评手册 [M].北京：清华大学出版社，2022.

6. 通过不表达自己，我控制了自己的情绪。　　　　　　（　）

7. 当我感到高兴快乐的时候，我改变对自己处境的考虑方式。　（　）

8. 我通过改变自己对处境的考虑方式来控制我的情绪。　　（　）

9. 当我感受到悲伤、愤怒时，我不表达出来。　　　　　（　）

10. 当我想少感到悲伤、愤怒时，我改变自己对处境的考虑方式。（　）

评分方法：

该量表包括两个维度，即认知重评和表达抑制。其中，认知重评维度的测量由 6 个题项构成（分别是第 1、3、5、7、8、10 题）；表达抑制维度的测量由 4 个题项构成（分别是第 2、4、6、9 题）。

练一练

完形填空 [①]

以下是一些未完成的句子，来帮助你超越一些有可能阻碍你获得快乐的障碍。

妨碍我变得快乐的东西是……

今天让我觉得最快乐的事情是……

真正的快乐，就是……

我不开心，是因为……

如果我拒绝去依照别人的要求生活……

当我对自己满意时……

如果主动跟陌生人打招呼了……

如果能深刻地认知到经常倾听自己的内心……

如果我们能更宽容一些……

---

① 本－沙哈尔. 幸福的方法 [M]. 汪冰，刘骏杰，译. 北京：中信出版集团，2013.

要给我的生活多增添 5% 的快乐……

我开始渐渐地发现……

持续地做以上的完形填空，这些简易的联系，可以在洞察力和态度改变上带给人惊人的结果，也是了解我们内心世界的一种方式。

第二章 积极自我：发现自我优势

聪明的人只要能认识自己，便什么也不会失去。

——尼采

小彬的优势在哪里?

小彬,一个普通大学的学生,面临毕业找工作的压力。看着身边的同学一个个都找到了工作,他心里充满了羡慕。于是,他开始不停地投简历、笔试、面试,但结果并不理想,就像大海捞针一样,一无所获。

在毕业前一个月,小彬终于收到了一家公司的面试邀请。在参加这家公司面试之前,他已经去过11场招聘会,投递了32份简历,获得了12个面试机会,但只有4次闯入最后一关。其中,有两家公司毫不犹豫地拒绝了他,而另一家公司则迟迟没有音讯。面对这样的"战绩",小彬的自信心受到了很大的打击。

尽管小彬做了大量的准备工作,但在走进这家公司的会议室之前和走出会议室之后,他对自己的未来仍然感到很迷茫。与他一起参加面试的有很多名校的研究生,他们的实力和背景都让他感到很自卑。面试时,会议桌对面坐着一排人,总经理仔细看了他的简历,提了几个问题,他都能够冷静地回答。最后,经理投来不屑的眼神,问他:"每年来应聘我们公司职位的不乏名校研究生,相对而言,你就是一名普通本科生,与他们相比,你有什么优势?"

小彬一时回答不上来,足足有20秒的停顿,那一刻,时间仿佛静止了。四年前他就思考过这个问题,为了解答这个问题他花了四年的时间。高考失利的阴影一直笼罩着他,他知道相对于名校学生而言,自己缺乏某些优势,但他相信劣势也有可能变成竞争优势,前提是必须"知劣而后勇"。

在过去的四年里，小彬一直在努力完善和加强自己的能力。他常常问自己是谁、要成为什么样的人、自己能做些什么。从大一开始他就规划自己的学习和工作生涯，努力让自己成为全面发展的人。每个学期除了学好专业课之外，他还大量阅读了经济、管理、文史、哲学、科技、艺术等方面的图书，积极参与各种社会实践锻炼自己的能力。然而，在面试中他并没有展现出这些优势，脑海中始终浮现着总经理那不屑的眼神。他以为自己没戏了，但还是提醒自己要保持冷静和自信。在慌乱中他只能坦诚表达自己没有突出的优势但一直在努力。

面试结束后小彬感到自己再也不可能进入这家公司了。中午他在公司附近的一家快餐店就餐时看到一位衣着有些凌乱的老奶奶在角落里啃馒头，小彬给她点了一碗面，隐约感觉有人在角落里注视着他。两天后小彬收到那家公司的录用通知。

上班之后，副总向小彬提起这件事，小彬才知道角落里的那个人是他，面试的时候他就坐在总经理旁边。虽然小彬学校一般，但很努力，副总认为：一个诚实、善良、勤奋的人会走得更远。

"人，认识你自己。"这是 2000 多年前古希腊人刻在阿波罗神庙的门柱上的一句箴言，也是千百年来人们追问自己灵魂的内心声音。古希腊著名的哲学家苏格拉底也曾说过："认识自己，是人类的最高智慧。"我国古代著名的思想家老子也曾在《道德经》中提道："知人者智，知己者明。胜人者有力，自胜者强。"我国古代著名的思想巨著《论语》中也有论述："吾日三省吾身：为人谋而不忠乎？与朋友交而不信乎？传不习乎？"心理学家马斯洛（Abraham Maslow）也强调了自我实现的重要性，积极心理学也认为人的潜能是无穷的，我们需要挖掘自身的优势、美德，从而成为更好的自己，过上美好的生活。可见，认识自己不仅是哲学家们讨论的范畴，更是我们每个人应该思考的问题，也应是我们人类社会的主题。

一、理解自我

（一）什么是自我？

"自我"是我们经常挂在嘴边的词语，可是要给它下个定义却并非一件容易的事情。心理学家认为，自我可被理解为作为主体的人格，也就是说，当一个人认识并体会到自己这个人时，"我自己"就是自我。人类不同于动物的一个重要特征就在于人具有反观自己的能力，即人具有自我意识（self-consciousness），能够觉察到自己的存在、特征和过程。因此，自我之谜和人之谜一样，是一个古老的谜题。

詹姆斯（William James）认为，自我是一个多元的概念，包括纯粹自我和经验自我：前者指的是自我中积极的知觉、思考的部分，即认识主体；后者指的是被注意、思考或知觉的客体，也就是认知对象。同时，詹姆斯将自我分成物质自我、社会自我和精神自我。物质自我包括个人所拥有的财物和身体；社会自我则是其他人认可的自我特征；精神自我包括个人的道德判断、思想与性情。在詹姆斯之后，库利（Charles Cooley）于 1902 年提出了镜像自我的概念，他认为对于每个人来说，他人就像是一面镜子，个人通过社会交往了解到别人对自己的看法，从而形成自己的自我。米德（George Mead）则通过强调社会互动中的语言成分扩展了库利的思想。他认为儿童内化他人的态度经历了两个关键阶段：游戏阶段和比赛阶段。在游戏阶段，儿童扮演成人的角色；在比赛阶段，儿童考虑所有参与者的角色，而不是游戏阶段的一个角色。库利和米德的理论都特别重视自我和他人的关系，都强调从社会活动中觉察到自我。①

人什么时候才开始具有自我意识的呢？是从我们一出生就有吗？对于这个问题，心理学家有着不同的看法。心理分析师马勒（Margaret Mahler）把新生儿比喻为蛋壳里的小鸡，无法从环境中分化出自我。毕竟，婴儿的所有需

---

① 达菲，阿特沃特．心理学改变生活 [M].张莹，丁云峰，杨洋，译．北京：世界图书出版公司，2006.

求，都会从一直照顾他的人那里立即得到满足，而他们是谁，婴儿根本不用知道。而心理学家布朗（Roger Brown）等则认为新生儿也有区分自我和环境的能力。有证据显示，当新生儿听到别的婴儿哭泣的录音时会感到悲伤，而对自己的录音却没有反应，这暗示刚出生的个体已经有了自我和他人的分化了。一旦婴儿知道自己的存在（指他们独立于其他实体而存在），他们就会考虑自己是谁，是什么。李格斯提（Marie Legerstee）和其助手将 5 个月大的婴儿置于自己的视觉表象之前（录像或镜像），观察自己和同龄人的动作，发现他们能区分自己和同伴，表现出对同龄个体的视觉偏好（对他们来说是新颖有趣的）而非自己（这也许比较熟悉，而不那么有趣了）。刘易斯（Micheal Lewis）和布鲁克斯－冈恩（Jeanne Brooks-Gunn）让母亲悄悄地在婴儿鼻子上抹上一点胭脂，然后置之于镜子前，以此研究婴儿的自我再认。如果婴儿具有自我面孔的图式能认出镜像中的自我，他们就会注意到新出现的红点而去擦鼻子。9—24 个月的婴儿在点红点测验中，比较小的婴儿无法自我再认，他们对自己镜像的反应如同是在对待其他小孩。一些 15—17 个月大的婴儿已经表现出了自我再认，但是要等到 18—24 个月，大部分婴儿才会明显意识到自己脸上的异样，而去摸自己的鼻子。这时的他们才知道镜子里的小孩是谁了。

自我的产生和再认在婴儿期就发生了，可是认识自我、发展自我是我们毕生的任务。

（二）什么是自我概念？

心理学家从认知、体验和监控等不同层面来研究自我，自我的认知层面被称为自我概念（self-concept），是指个人对自己的知觉、判断和评价，包括自己的身体、学业、能力、性格、愿望及自己与环境、他人的关系等各方面。它并非单独的，实际上包含了一系列的自我。一般来说分为身体形象（body image），对自己身体的认识；自我形象（self-image），我所认为的自我；理想自我（ideal self），我想成为的自我；应该自我（ought self），自己觉得别人希望自己成为什么样的人。①

1. 身体形象

身体形象是指我们对自己身体所形成的心理形象，包括我们对自己身体的感觉，以及我们对自己身体满意或不满意的程度。你对自己的身体满意吗？美国的《当代心理学》(Psychology Today)对这个主题所作的调查证明很多人并不满意自己的身体，女性比男性更加关注自己的身体形象和体重控制。对自己身体的满意度在很大程度上受到理想身体形象的影响，它是我们整个身体形象的重要组成部分。顾名思义，理想身体(ideal body)指我们最想拥有的身体，它很大程度上也受到我们文化盛行的体形观念的影响。例如，在我国的唐朝，最理想的形体是丰满圆润，而现代，苗条修长的身材成为很多女性追求的理想。

2. 自我形象

自我形象是我们看待自己的方式。它是我们所认为的自我，由很多高度个人化的自我形象组成。我们的自我形象包含许多在成长过程中获得的自我认知。自我形象主要受到重要他人，尤其是父母看待和对待我们的方式的影响。在年轻且容易受到影响的时候，我们往往将这些人的看法、意见和期望融入自我意识中，并以他们的方式来看待自己。布朗(Jonath Brown)等发现自我价值水平高的青少年同时也具有良好的应对技巧、朋辈支持和满意的家庭。而家庭适应不良的青少年更可能产生高度的抑郁和焦虑。通过人际交往，尤其是和朋友、老师的交往，我们可以改变我们的自我形象。如果从小父母过度挑剔、要求严格而使你自我评价很低，随着时间流逝，通过独立完成更多的事情、在朋友面前表现很好，你会得到周边人的夸奖，也会开始慢慢欣赏自己的优点，并且对自己有更多正面的看法，慢慢形成积极的自我形象。

3. 理想自我和应该自我

希金斯(Edward Tory Higgins)提出，人们的自我概念可以分为理想自我

---

① 达菲，阿特沃特. 心理学改变生活 [M]. 张莹，丁云峰，杨洋，译. 北京：世界图书出版公司，2006.

和应该自我。理想自我是指个人追求的理想和目标所塑造的自我形象，而应该自我则是个人认为他人期望自己成为什么样的人，建立在责任和承诺的基础上。这两种自我形象都是个体组织和激发行为的重要标准，具有自我导向的作用。这种自我导向的动力主要源于情绪，当现实自我与理想自我存在不一致时，人们会感到悲伤、失望和抑郁；而当现实自我与应该自我有差异时，人们会感到内疚和焦虑。这些情绪体验是激发个体采取行动去调整和改变自我形象的动力来源。因此，希金斯的观点强调了理想自我和应该自我对个体行为的重要影响，同时也突出了情绪在自我导向中的关键作用。自我导向还影响个体的动机，理想自我导向使个体关注目标和成就的实现，即促进性关注（promotion focus）；应该自我导向致使个体关注责任和义务，即阻止性关注（prevention focus）。追求理想自我就像追求快乐，避免与应该自我的冲突就像避免危险和伤害。例如，在友谊关系中，理想自我导向者多采用趋近型（approach-type）策略，如"多给朋友情感上的支持"；而应该自我导向者则更可能采取回避型（avoidance-type）策略，如"不要和朋友失去联系"。

（三）自尊

自尊（self-esteem）是自我概念中重要的方面之一，指个体对自己的评价，以及由此获得的与自我概念相关的价值感。心理学家认为，在4岁或5岁时，儿童已经建立起早期重要的自尊感了——这受到了他们依恋经验的影响，也准确反映了他人对其能力的评价。

研究发现，自尊心分数呈现出负偏态分布，即大部分人的分数处于高分段，只有少数人的分数处于低分段。高自尊者和低自尊者表现出明显的差异。例如，他们对成功和失败的反应不同。研究显示，当被试在第一次任务中失败后，如果要求他们再次完成该任务，高自尊者坚持的时间更长，而低自尊者更容易放弃。研究者还观察了不同自尊水平的被试在自由、无限制的环境中对成功的反应。被试需要完成一些任务，既有成功的任务，也有失败的任务。随后，被试被单独留在一个房间，房间内有他们之前成功和失败的任务。

研究者告诉他们，因为有些事情需要处理，需要离开一会儿，他们可以随意做自己喜欢的事情。实际上，研究者在另一个房间通过单向玻璃观察被试的行为。结果发现，高自尊者在该段时间内会继续完成他们最初成功的任务，而低自尊者则会回去继续完成他们最初失败的任务。研究者的解释是：高自尊者对自己的评价较高，他们并不想修正自己的缺点来弥补在这些方面的不足。他们认为在这些方面失败是因为缺乏相关潜质。他们更希望自己表现出色、与众不同，因此他们希望在自己已成功的领域继续努力，以使自己更优秀。而低自尊者则不同，他们并不期待自己能在已成功的事情上做得更好，他们只是希望能够找出自己的缺陷加以弥补，他们不希望因表现太差而将自己突显出来。他们不想去重复做已经成功完成的任务的另一个原因是担心失败会失去已有的自尊，这完全是出于一种自我保护的动机。研究者还发现，不同水平自尊者取得的成就不同，他们的归因方式也有差异，总体特征是高自尊者总优于低自尊者，但事实上高自尊者的一些特征在有些情境下未必是好事。在一项研究中，研究者要求被试在限定时间内做尽可能多的题目，而其中有些题目是不可解的。当被试遇到不可解的题目时，必定是以失败而告终。这时的最优方案当然是跳过这些题目接着往下做。但高自尊者失败后往往会坚持更长的时间，因而他们往往会在不可解的题目上花更多的时间，这时他们的坚持性和努力反而起副作用了，使他们在限定时间内完成的题目很少，成绩反而差；而低自尊者遇到失败后更容易放弃，所以最后得分较高。可见高自尊者特征的优势是有情境之分的。

幸运的是，自尊不是天生的。换句话说，不论你的自尊起点有多低，自尊水平都是可以改善的。由于自尊取决于我们的内心，所以最终改变还是取决于我们自己。我们要学会认识并接受自己的一切，才会开始成长。完美主义者经常用不切实际的标准来评估自己，这会不断削弱他们的自尊，所以我们还需要给自己确定一个评价自己的合理标准和期望。

（四）自我同一性发展

埃里克森（Erik Homburger Erikson）根据自己的成长经历提出了"同一性危机"（identity crisis），主要指青少年对自我认识上的一种心理危机。他认为，每个人都会面临八个主要的危机或冲突。这些危机或冲突会在特定的时期出现，这个特定的时期是由个体在生命中经历的生物成熟和社会需求所决定的。每一次的危机都需要得到妥善的处理，才能够顺利地进入下一个危机。表3-1简单描述了埃里克森人格发展的八个阶段（心理社会阶段）。

表 3-1　埃里克森人格发展的八个阶段

发展阶段	心理社会危机	有意义的事件和社会影响	心理社会品质
婴儿前期（0—1.5岁）	信赖 vs 不信赖	婴儿须学会信任别人对他们基本需要的照料。如果照料者拒绝或前后不一致，婴儿可能认为世界是危险的，这里的人是不可信任或不可靠的。主要的社会动因是照料者	希望
儿童早期（1.5—3岁）	自律性 vs 羞耻和怀疑	儿童须学会"自主"——自己吃饭、穿衣、讲究卫生等等。如果不能实现这种自主，可能引起儿童怀疑自己的能力，感到羞耻。主要的社会动因是父母	意志力
幼儿期（3—6岁）	主导性 vs 罪恶感	儿童试图像成人一样做事，承担他们能力所不及的责任。他们有时候采取的行动与父母或其他家庭成员是冲突的，这些冲突可能使他们感到内疚。成功地解决这些危机要求达到一个平衡：儿童保持这种主动性，但是要学会不侵犯他人的权利、权益和目标。主要的社会动因是家庭	目标、勇气
儿童期（6—12岁）	勤奋 vs 自卑	儿童须掌握重要的社会和学习技能。这一阶段儿童经常将自己与同伴相比较。如果很勤奋，儿童将获得社会和学习技能，从而感到很自信。不能获得这些技能会使儿童感到自卑。主要的社会动因是老师和同伴	能力
青少年期（12—18岁）	同一性 vs 角色混乱	这一阶段是儿童向成熟迈进的重要转折点。青少年反复思考"我是谁"。他们须建立基本的社会和职业同一性，如此他们就会对自己成年的角色感到自信。不能获得这些技能会使儿童感到自卑。主要的社会动因是老师和同伴	忠诚

续表

发展阶段	心理社会危机	有意义的事件和社会影响	心理社会品质
成人前期（18—30岁）	亲密 vs 孤独	这一阶段的主要任务是形成亲密的友谊关系，与他人建立恋爱或伴侣关系（或共有同一性）。没有建立亲密的友谊关系会使个体感到孤独或孤立。主要的社会动因是爱人、配偶或亲密朋友（同性或异性）	爱
成人中期（30—60岁）	繁衍 vs 停滞	这一阶段的发展任务主要是使成年人获得繁殖感而避免停滞感，体验关怀的实现。这里的繁殖不仅指个人的生殖力，而且包括个人的生产能力和创造能力等。没有达到这种繁殖感，就会产生自我停滞感，其人格也会有不良的发展	关心
成人后期（60岁以后）	自我整合 vs 绝望	老年人回顾生活，认为它或者有意义的、成功的、幸福的，或者失望的、没有履行承诺和实现目标。个人的生活经验，尤其是社会经历，决定着最终的心理社会危机的结果	睿智

马西亚（James Marcia）在埃里克森对自我同一性的定义的基础上进行了扩展。他通过对青少年进行访谈，根据他们对职业、性别取向和价值观的探索程度和深度，将青少年分为四类，分别是同一性混乱、提前结束、延缓偿付和认同感获得。这四类认同水平代表了青少年在自我认知和同一性形成方面的不同状态和特点。

- 同一性混乱。这类个体对认同问题缺乏思考或无法解决，对于未来的生活方向也没有清晰的认知。例如，"我对将来从事什么职业没有多少考虑，我不知道我将来会做什么"。
- 提前结束。这类个体已经获得了自我认同感，但他们并未经历过在寻求最适合自己的过程中所经历的危机。例如，"我父母都是当老师的，所以我也会当老师，我小时候，父母就是这样要求我的"。
- 延缓偿付。这类个体已经历过埃里克森所提出的认同危机，目前正积极地对生活价值进行提问并探寻答案。例如，"我在不断地发现自己，希望能找到一份适合我自己的职业。我在一个教师家庭中长大，这个职业是我所佩服的，但是并不适合我，我还在寻找适合自己的职业"。

- 认同感获得。这类个体已经通过确定特定的目标、信念和价值观，解决了自我认同的问题，并对此做出了个人的承诺。例如，"在我对自身性格特征和各种职业对比的分析和探索之后，我最终知道我该选择什么样的职业了"。

埃里克森将青少年期称为心理延缓偿付期（moratorium）。心理延缓偿付期是给那些还没有准备好承担义务的人一段拖延的时期，或者强迫某些人给予自己一些时间。因此，我们所关注的心理社会合法延缓期，其实指的是青少年承担义务的延缓，但它又不仅仅是一种延缓，还允许青少年利用这段时间去探索各种思想、人生观和价值观，尝试做出选择，经过多次尝试，反复循环，最终决定自己将来的职业、人生观和价值观，并建立自我同一性。

埃里克森建议青少年拿出一段时间——"如果有钱，去欧洲旅行；如果没钱，就在国内转转。暂离学校，找一份工作；暂离工作去上学，休息一下，闻一闻玫瑰花香，以此达到自我了解。"埃里克森认为，对青少年的健康成长来说，这段时期具有重要意义。成人不应该对他们提出过高的要求，也不应该用成人的思想和标准来强迫他们，应该给青少年一些时间和空间来发展自己，允许他们有一些看似"荒唐"的行为。同时，需要给他们选择的可能性，他们仍然需要"游戏"。

二、了解自我

（一）为自己画一个"周哈里窗"（Johari Window）

认识自己很重要，但是认识自己，我们并不能做到了如指掌，有些事情是我们自己不知道而我们的朋友却清楚了解的。不相信吗？让我们来看看"周哈里窗"是怎么说的吧！我们可以通过别人对我们的反馈，在验证别人对自己的看法的过程中，更好地觉察自我。周哈里窗就介绍了自我表露和反馈经验之间的关系，它有助于我们更好地认识自己，也让别人更了解我们。周哈里

（Johari）是从创始人周（Joe）和哈里（Harry）两人的名字中截取的，用窗户来比喻一个人的内心，一扇窗户可以被分为四个部分，人的心理也可以分为四个区域（如图 3-1 所示）。①

自　　己

　　　　知道　　　　　　　不知道

	知道	1 公开 （open）	2 盲目 （blind）
他 人	不 知 道	3 秘密 （hidden）	4 潜在 （unknown）

图 3-1　周哈里窗

第一个部分称为"公开我"，也称"公众我"，属于自由活动领域，是自己清楚，别人也知道的部分。比如一个人的性别、外貌、婚否、职业、工作单位、居住地点、能力、爱好、特长、成就等等。这是自我认知的基础部分，自己能够很清楚地意识到，同时，对他人也无需隐瞒。它是自我最基本的信息，也是了解自我、评价自我的基本依据。我们要尽可能扩大这个区域，让别人更了解自己，挖掘自己的优点展示给别人，或者从别人的开放之窗去了解和学习别人的优点，还要学会展示自己。人无完人，我们要善于展示自己的优点，但也不要害怕暴露自己的缺点。暴露了自己的缺点，可能才会得到别人的帮助，从别人那里学习，提升自己。

第二部分称为"盲目我"，也称"背脊我"，属于盲目领域。这是自己不知道而别人却知道的部分，所谓"当事者迷旁观者清"。可以是你的优点，比如对人真诚；也可以是自己不留意的一些小习惯，比如爱皱眉头，说话声音大；

---

① 邱珍琬. 做个合格的咨询人 [M]. 广州：广东世界图书出版社，2003.

还可以是你的一些小缺点，比如答应别人的事情一转眼就忘了。这些别人如果不告诉你，本人是不会觉察到的。因为自己平时没有自我觉察到，所以当别人告诉你时，难免会惊讶或怀疑，甚至辩解，特别是听到与自己初衷或想法不相符合的情况时。"盲目我"的大小与自我观察、自我反省的能力有关，通常内省特质比较强的人，盲点比较少，"盲目我"比较小。而熟悉并指出"盲目我"的他者，往往也是关爱你的人，欣赏你的人，信任你的人（虽然也可能是最挑剔你的人）。所以，我们要学会用心聆听，重视他人的反馈，不固执，不过早下结论；学会感恩，因为是他们帮助自己拨开迷雾见青天，让我们更清晰地看到自我。

第三个区域称为"秘密我"，也称为"隐私我"，属于逃避或隐藏领域。这是只有自己知道而别人不知道的部分，与"盲目我"正好相反。它包括我们的隐私、个人秘密等，我们不愿意或不能让别人知道的事实或心理。例如身份、缺点、往事、疾患、痛苦、窃喜、愧疚、尴尬、欲望、意念等都可能成为"秘密我"的内容。相对而言，心理承受能力强的人、隐忍的人、自闭的人、自卑的人、胆怯的人、虚荣或虚伪的人，他们的"秘密我"会更多一些。适度的内敛和自我隐藏，给自己保留一个私密的心灵空间，避免外界的干扰，是正常的心理需要。没有任何隐私的人，就像住在透明房间里，缺乏自在感与安全感。然而，如果"秘密我"太多而"开放我"太少，就如同筑起一座封闭的心灵城堡，无法与外界进行真实有效的交流与融合，既压抑了自我，也令周围的人感到压抑，容易导致误解和曲解，造成他评和自评的巨大反差，成为人际交往的迷雾与障碍，甚至错失机会。当我们遭遇困境、无法独自排解的时候，不妨勇敢地敞开心扉，找到一个自己信任也愿意聆听的朋友去诉说我们的伤痛和困惑。当别人给自己造成了误解或伤害时，我们也应该抱着开放的态度去努力沟通化解、包容和接纳。勇于探索自我者，不能只停留在"开放我"的层面，还应敢于直面"秘密我"。

第四个区域称为"潜在我"，也称为"未知我"，属于处女领域。这是自身和他人都未知的部分，有待探索和发现。通常是指一些潜在的能力或特性，比如通过训练或学习可能获得的知识与技能，或者在特定机会里展现出来的才干。它也包含弗洛伊德提出的潜意识层面，就像隐藏在海水下的冰山，力量巨大却又容易被忽视。有人说，我们普通人其实只开发了我们自己蕴藏能力的十分之一，只利用了我们自己身心资源中很小的一部分。科学家们也发现，贮存在人类脑内的能力其实是大得惊人的，我们平常其实只发挥了极小的一部分功能。对"潜在我"的探索和开发，才能更全面而深入地认识自我、激励自我、发展自我、超越自我。勇于自我探索者，要善于开发"潜在我"。

现在让我们来给自己画一个"周哈里窗"。

首先请你拿出一张纸，写出有关自己的30项特质，针对"我是谁"这个问题，做迅速又精简的回答。所写下的这些特质中，可能有一些对自己的事实描述，比如名字、年龄、性别、职业、在家中的排行，理想；再看看是不是有关于自己的爱好或有关对自己性格的形容字眼，如好动、喜欢打抱不平、没有耐心、常常觉得不快乐、诚实、细腻、冲动等等。可能有人发现在类似脑力激荡的情形下写出的自己，对照内容之下，竟然有一些矛盾与冲突！比方说，你写下了"耐心"，也写了"冲动"；认为自己"随性"，却也发现"固执"。这到底是怎么一回事？不要急着解决这个疑惑，拿出另外一张纸，画个像八角形状的图，中间画个小圆圈，把自己的名字写在圈圈内，然后去找8个朋友或亲人，要他们写下有关你的特质，而且都要不一样；对照这8位朋友或亲人对你的描述，看看他们对你的了解与你自己的了解有多大的差异。也许你发现，那8个不同的描述只是正面的，也许你认为太肤浅，也有可能他们是针对一项特质而用不同的描述或形容词。

用一张纸画下这四个窗口，然后把自己在上一个活动中自别人口中得到的资讯填上去，这可以说是你的"公开我"；然后再写下你自己认为别人所不知道的你的部分，这就是"秘密我"，接着检查一下刚才填好的"公开我"，有没有一些选项是你自己没有发现，而是别人观察到的特点。这些可以称作"盲目我"。"潜在我"部分可以是空白，也可以写下自己正在努力开发或修正的部分。

健康成熟的自我，是希望能把自己可以祖露、让人看见的"公开我"部分慢慢增加，不为己知或是人知、自己想要努力培养或发展的"潜在我"部分可以扩大，因此也就把"秘密我""盲目我"的自我部分缩小了。把这张纸保留下来，作为自己定期检视的依据，在"秘密我"的部分，我们可以做"自我剖析"（self-confession）的工作，也就是说把你认为可以告诉别人的一些秘密，做适度的表白，让他人对你有更进一步的了解。

（二）发现自身优势

塞利格曼说过："真正的幸福来自建立并发挥自己的优势，而非花时间改正自己的弱点。"他也是最早提出性格优势（character strengths）并深入开展研究的心理学家。性格优势是人们在整个生命历程中具有可塑性的一系列积极人格特质，也就是我们常说的每个人身上的"美德"（virtue）。塞利格曼团队在研读了全世界大量经典著作后，总共找出了200多种美德，随后，又通过研究整个世界横跨几千年历史的各种不同文化，归纳出以下六大具有普遍性的美德。①

·智慧与知识

·勇气

·仁爱

·正义

·节制

·精神卓越

塞利格曼认为，成为一个高尚的人，必须拥有上述六大美德。塞利格曼把实现这些美德的途径叫作优势，他总结出了24种优势，这些优势是可以测量的，也是可以学会的。

---

① 塞利格曼.真实的幸福[M].洪兰，译.沈阳：万卷出版公司，2010.

1. 智慧与知识

智慧是一种极为重要的美德，涵盖了好奇心、热爱学习、判断力、创造性、社交智慧及洞察力六个方面。

（1）好奇心、对世界的兴趣

爱提问，对各种事情都很感兴趣，对事情的来龙去脉感到好奇。总想知道更多，对许多事情，总是有许多的疑问，对不熟悉的人、地方或事物总是感到好奇，并主动探寻真相。它可以针对特定领域，也可以对广泛的事物抱有好奇。保持好奇心能让我们主动追寻新奇的事物，并避免对世界的认知产生厌倦。

（2）热爱学习

喜欢学习新的东西，学到了一些新东西时会很开心，没人要求学习的时候也会学，每当有机会学习新东西时都会积极参加，阅读或学习新东西时总是废寝忘食。在没有任何外在诱因的情况下，你还会对这个领域有继续学习的兴趣吗？例如，期末考试前，你每天熬夜学习到凌晨1点，但这只是你为了考试不挂科，并不表示你热爱学习。

（3）判断力、判断性思维、思想开放

判断力是指客观理性地筛选信息，做出的判断既符合事实，又有利于自己和他人。判断力以事实为依据，不会将自身的需求和意愿与事实混淆。具备这种判断力的人能更好地避免错误的逻辑或极端的二分法，从而做出更为明智的决策。

（4）创造性、实用智慧、街头智慧

常有新的主意和想法。喜欢创造新奇的东西，总是有很多创意。认为自己很有创造力。常常能想出做事的不同方法，常常用不同的方法做事，喜欢学做不同的事。

（5）社交智慧、个体智慧、情商

社交智慧和个体智慧是对自己和他人的认知，就是戈尔曼（Dan Goleman）所说的情商，情商是其他优势的基础。具备社交智慧的人能理解他人的动机、情绪、脾气、意图，并做出恰当的回应。这种智慧不仅需要内省，更需要社交技巧。而具有个体智慧的人则能评估自己的情感，并用它们来指导自己的行为。

这种优势的另一个重要作用是帮我们找到自己擅长的领域，最大限度地发挥自己的潜能。你是否选择了适合自己的工作、朋友和爱好，让自己的优势得以展现？你的工作是不是你最擅长的领域？

（6）洞察力

洞察力是智慧的最高表现形式。具备洞察力的人能以独特的视角解决问题，他们的经验能帮助他人解决问题。这种洞察力使他们在生活中成为解决问题的专家，受到他人的尊敬和信任。

2. 勇气

勇气是指在不利条件下，为达成理想目标而勇往直前的美德。这种美德被广泛认可，各个民族都有自己心目中的英雄。勇敢、毅力与正直是勇气的主要表现。

（1）勇敢与勇气

勇敢的人能够将恐惧与行为分离，在面对恐惧情境时，他们不会受到生理反应的影响，而是坚持面对。尽管害怕，但勇敢的人仍然会面对危险。现在的勇敢已经超越了战场和身体上的勇敢，还包括道德和心理上的勇敢。道德上的勇敢是明知站出来会带来不利，但仍然选择挺身而出。心理上的勇敢则包括泰然面对逆境或重病，不失去尊严。

（2）毅力、勤劳、勤勉

有毅力的人能够始终如一，坚持到底。勤勉的人会承担困难的工作并完成它，而且不会抱怨。他们不仅完成承诺的部分，有时还会完成额外的部分。毅力不是追求不切实际的目标，而是有弹性、务实和不是完美主义者。野心的积极一面属于这个优势类别。

（3）正直、真诚、诚实

一个诚实的人会实话实说，真实地面对生活。正直不仅是不说谎，还包括真诚地对待自己和他人，无论是说话还是做事都诚实守信。如果对自己真诚，就不可能对别人虚伪。

3. 仁爱

仁爱是指与他人，包括朋友、亲戚、不熟悉的人，甚至陌生人交往时的积极表现。

（1）仁慈与慷慨

具有这类优势的人对他人非常仁慈和慷慨，当别人寻求帮助时，他们会全力提供支持。他们乐于助人，即使是不太熟悉的朋友。你是否曾经将别人的事情当作自己的事情来处理？这类人共同的特点是能够看到他人的价值。他们总是先为他人着想，有时甚至将自己的利益放在次要位置。你是否曾经为他人承担过责任？移情和同情是实现这一美德的两个途径。

（2）爱与被爱

这里的爱不仅仅是指爱情。如果你非常珍惜自己与别人的亲密关系，别人也跟你一样珍惜，那么证明你有爱与被爱的优势。

4. 正义

这些优势超越了一对一的关系，是我们与群体直接的关系，包括与家庭、社区，甚至与国家、世界的关系。

（1）公民精神、责任、团队精神、忠诚

公民精神是指公民在参与社会活动、履行公民责任时所表现出的高尚品质和道德行为。它涉及对社会的责任感、对他人的尊重和关爱、对公正和公平的追求，以及对公共利益的关注和维护。一个具备公民精神的人，会积极参与社会活动，关心社会的发展和进步，愿意为社会做出贡献。他们会尊重他人的权利和尊严，遵守社会规则和道德准则，以身作则，树立良好的社会风尚。公民精神还强调对公共利益的关注和维护。这意味着公民会关注社会的整体利益，不仅仅关注个人的利益。他们会积极参与公共事务，为社会的和谐稳定和发展做出贡献。

（2）公平与公正

公平与公正指的是在分配资源、机会和财富等方面，对所有人都一视同仁，无论他们的身份、地位或背景如何，没有偏袒和歧视。它强调的是一种平等对待的态度，即每个人都应该享有同等的权利和机会，不受任何形式的歧视或偏见。

（3）领导力

领导力是指在领导过程中所展现出的影响力、引导力和决策能力。它涉及领导人在组织中如何激发团队成员的积极性、如何制定和执行战略、如何处理复杂的问题和挑战等方面的能力。一个具备领导力的人，通常能够激发团队成员的潜力，引导他们朝着共同的目标努力。他们能够建立和维护良好的人际关系，有效地沟通并解决冲突。同时，他们也能够做出明智的决策，并具备应对变化和挑战的能力。

5. 节制

这个重要的美德指的是控制自己的欲望和冲动，避免过度追求个人欲望而忽视他人的感受和需要。它要求我们学会权衡利弊，理性地评估自己的需求和欲望，并选择合适的时机和方式去满足它们，包括自我控制、谨慎、谦虚。

（1）自我控制

自我控制是指个体对自己行为、情绪和欲望的控制能力。它是一种内在的力量，能够帮助我们管理自己的行为，避免冲动和过度反应，保持冷静和理智。

（2）谨慎、小心

谨慎指在处理事情时，要仔细考虑、分析、评估和行动，以避免出现错误、风险和不良后果。它要求我们在处理事情时要认真、仔细、周密，不要轻易做出决定或采取行动。谨慎的人会考虑各种可能的情况和结果，评估风险和利益，并选择最合适的方案。

（3）谦虚

对自己能力和成就的正确认识和评估，不夸大自己的能力和成就，也不自吹自擂。一个谦虚的人会意识到自己的优点和不足，并愿意接受他人的批评和建议，以不断改进自己。他们不会过分强调自己的能力和成就，而是更注重团队合作和集体利益。谦虚的人通常能够与他人建立良好的关系，因为他们不会炫耀自己的能力和成就，而是更愿意与他人分享自己的知识和经验。他们也不会因为自己的成就而骄傲自满，而是始终保持谦逊和学习的态度。

6. 精神卓越

精神卓越是指个体在精神层面上的卓越和成就。它涉及个体的思想、情感、价值观、信仰、道德等方面，是一种内在的、深层次的卓越。

（1）对美和卓越的欣赏

表现为对美好事物的热爱和追求。美可以是自然、艺术的美，如美丽的风景、动人的音乐、精美的艺术品等；也可以是人性、道德的美，如善良的品质、高尚的情操、和谐的社会等。对美的欣赏能够激发我们的审美情感，让我们感受到生活的美好和丰富，能够激发我们的敬畏之心，让我们感受到人类智慧和力量的伟大。

（2）感恩

懂得感恩的人从不认为自己所得所有是本来就有的幸运，而是会向他人表达感激之情。感恩是对他人优秀品质的欣赏，同时也是对生命的珍视和感激。当他人对我们有恩时，我们应心怀感激，并将这种感激扩大到对所有善良和美好的事物上。我们也可以对大自然等表达感恩，但不应对自己产生感恩之情。

（3）希望、乐观、展望未来

希望是一种积极的情感和期望，它代表着对未来美好事物的向往和追求。希望可以帮助人们激发内心的动力和勇气，从而不断前进和成长。让我们更加积极地面对生活中的挑战和困难，并努力寻找解决问题的方法。

（4）灵性、目标感、信仰

有这种美德的人对宇宙、生命和存在的本质和意义进行探索和理解，追求个人的精神成长，专注和努力地追求自己的目标。他们的信仰会塑造激发他们的道德和责任感，给予他们精神上的支持和安慰，帮助他们面对生活中的挑战和困难。

（5）宽恕与慈悲

宽容的人对他人的错误和过失会表现出包容和谅解，对所有生命表现出尊重和关爱。当我们对他人宽恕时，我们对他人的态度就会积极，很少消极，这有助于促进我们的人际关系和积极情绪体验。

（6）幽默

幽默使人们更加轻松、愉悦地面对生活中的各种挑战和困难。幽默表现为一种机智、诙谐、风趣或讽刺的言辞或行为，它能够引起人们的欢笑和愉悦，缓解紧张的气氛，增强人们之间的互动和交流。幽默的人总是看到事情积极的一面。

（7）热忱、热情、热衷

热忱指的是充满热情、精力充沛、活力满满地投入学习、工作。你每天早上睁开眼睛时，是不是迫不及待地想开始一天的学习、工作？你的活力和热情也会感染身边的人。

（三）用突出的优势来塑造真正的自我

前文具体阐述了什么是积极心理学领域的六大美德、24种性格优势，相信读者已经对性格优势的内涵以及美德与性格优势的体系有了相当程度的了解。那么这些性格优势到底有什么作用，在平时生活中又该如何运用呢？以下是一些运用性格优势的活动建议，可尝试着按照这些活动建议在日常生活中进行性格优势的强化练习。①

① 塞利格曼.真实的幸福 [M].洪兰，译.沈阳：万卷出版公司，2010.

1. 好奇心

·在选择职业时，试着寻找需要每天接触新信息的工作，如新闻传媒或科研教学工作。

·尝试去做一些挑战你既有知识或经验的事情。

·每年至少旅游一次，探访不同的地区、城市或国家。

·每周至少花一小时去接触大自然，细心发现蕴藏其中的无限新奇。

2. 热爱学习

·每周至少两次空出专门时间，去学习 5 个新的英语单词或中文成语，并尽量在平时应用它们。

·每月阅读一本你感兴趣的非小说类图书。

·经常去图书馆或博物馆，每次都记录下学到的新知识或了解的新事物。

3. 判断力

·参加一项跨文化的活动或加入一个跨文化的团体，接受不同文化的冲击。

·找一个你强烈认同的观点，从正反不同的角度来进行自我辩驳，思考自己是否可能是错误的。

·回顾自己以往一些失败经历，分析失败的原因并反省是否存在某些惯性的模式以后尽量规避。

·做重要决定时，写下所有可能的有利和不利后果，理性做出选择。

4. 创造力

·阅读各种类型的书籍，尤其是科幻、文学、艺术和哲学类。

·学习音乐、舞蹈、绘画，多做手工艺活动。

·玩一些创造性的游戏，如拼图游戏、解谜游戏等。

·对自己擅长做的一些工作或日常事务，试着去发现不同于一贯套路的、有创造性的解决方法。

·发展一项可激发创造力的艺术爱好，如绘画、雕塑、陶艺或摄影，可以报名相关课程，也可自学。

·养成"废物利用"的习惯，为不再需要的事物设计出原本用途以外的其他用途。

5. 社交智慧

·经常问问与你亲近的人，是否自己有时没能在情感上理解他们，一同讨论如何能更理解彼此。

·在与亲近的人相处时，直接表达自己的需求和愿望，不要让对方觉得猜不透你的心思。

·每隔一段时间便参加一个陌生的社交活动，如行业或学术的会议，让自己表现活跃，结交些新朋友。

6. 洞察力

·锁定一位公认的智者（在世名人或历史人物都可），阅读或观看有关他的书籍或电影，学习他们应对人生重要问题的智慧。

·当朋友向你寻求建议时，帮助他全面审度所处的环境，并给出自己的见解与建议。

·思考一些影响你生活的科学研究（如克隆）所蕴含的道德意义。

·投身一些你认为关系到全世界福祉的公益事业（如保护环境）。

7. 勇敢

·为某个比自己弱小的人挺身而出，帮他争取应得的权益。

·当团体中出现某个新奇前卫或不受欢迎的观点时，若你认同这个观点，大胆为其辩护。

·对团体中不合理的规范或不公正的对待做出反抗。

·不要害怕成为别人眼中的另类，只要自己认为正确就行。

8. 毅力

·制定一个较高的目标（比如考取某种职业资格），哪怕难度再大，也要坚持完成。

·找出至少两项你认为有意义、投入其中能带给你流畅体验的爱好，让它们成为你日常生活的一部分。

·如果你想中途放弃一项工作，忽略自己的这种想法，集中精力在进度上。

·列出你想今天去做但也可以拖到明天再做的事，确保它们都在今天完成。

9. 正直

·监督自己的言行，每次说谎就记录在专门的清单上，试着让每周的清单越来越短。

·每天晚上入睡前，回想在一天中是否做了违背自己意愿而刻意去做的事情，并下决心改正。

·克制自己不对朋友撒谎（包括不是发自内心的称赞或鼓励），若你说了这种谎言，立即承认并道歉。

10. 仁慈

·和朋友外出时，主动支付费用。

·日行一善，多小的善事都可以，并且不求回报。

·和许久未见的朋友聚会时，在谈及自己的生活前，先询问他们的近况，并用心倾听他们。

11. 爱

·经常主动拥抱或亲吻那些你爱的人。

·发现并欣赏你爱的人所具有的优点。

·帮助你爱的人实现他的某项自我提升计划，如重新规划职业生涯。

12. 公民精神

·参加一些帮助社会弱势群体的志愿工作。主动询问你的邻居，尤其上了年纪或行动不便的人，看他们是否需要帮助。

·积极完成团队分配给你的工作，并乐于承担额外的工作。

13. 公平

·不论对人或对事，时刻警惕自己是否受个人喜恶影响而做出了不公正的判断。

·每次参加群体的讨论或活动，有意识地去促进每个人的平等参与，尤其当你发现有人受冷落时。

·在朋友们闹矛盾时，无论你的观点倾向于哪一方，都保持不偏不倚的态度。

14. 领导力

·在团队中组织一次活动，或负责一项任务，统领全体团队成员同心协力、集思广益。

·为某位朋友或同事策划一个充满惊喜的生日派对，调动其他的朋友或同事都来积极参与其中。

·组织一次家庭的大聚会，想办法去设计一些让长辈和晚辈都感觉有趣的活动。

15. 自我控制

·抵制一些不好的诱惑，如不吃垃圾食品、不过度沉溺网络、用嚼口香糖替代吸烟。

·克制自己不在背后议论别人，当忍不住想说别人的闲话时，找一些分心事物来阻止自己。

·当某件事让你反应过激时，先努力使自己镇静下来，再用理智重新思考事情的来龙去脉。

16. 谨慎

·时刻谨记"防患于未然"，并以此来计划日常生活。

·与别人交谈严肃话题时，权衡自己要说的话将对别人造成的影响。做出重大决定之前，问问自己可以在多大程度上承担它所带来的后果。

17. 谦虚

·发现别人做得比你好的地方，并赞扬他。

·不论何时与人交谈，都尽量避免自吹自擂，或刻意地炫耀自己的成绩。找一位信任的朋友，请他如实告知你存在的缺点。

18. 美感

·培养自己的摄影爱好，随时拍下所见到的美景或任何让你感到美好的人或物。常去博物馆或展览馆，欣赏艺术作品。

·每天至少留意一项悄然发生在你身边的自然之美，如日出日落、云卷云舒、花朵树木等。

19. 感恩

·对你爱的人心怀感恩，你的生命因他们的存在而美好，常用言语或行动向他们表达你的这种情感。

·只要别人帮助了你，哪怕是些琐事，也要表示感谢，而不要将它们视为理所应当。

·每天想想自己是否将生活中某些不起眼但很重要的事认为理所应当，如体检时身体健康，或外出旅行一切顺利，学会珍视并感激上天赐予你这些平凡的美好。

20. 希望

·当处于逆境时，不过多纠结于消极情绪，首要的是想想以前是否克服过类似的逆境，从中吸取经验。

·回想遇到过的一些坏事，试着发现它们带给你的一些好处。将你所做过的错误决定列张清单，告诉自己既然无法重新来过，那么现在和将来就都尽力做到最好。

21. 灵性

·每天花点时间冥想。

·每天阅读有关精神灵性的书籍或文章。

·探寻自己在生命中最看重的东西，即你生活的根本目的，努力将所有的行为都与这一目的联系起来。

22. 宽恕

·当别人的行为让你觉得无法理解时，尝试探究他们的深层动机并理解他们。

·若有人惹恼你，站在他的角度重新看待事件，尝试原谅他。

·主动联系曾经冒犯过你的人，要么直接告诉对方你原谅了他，要么在交谈中表达你的善意。

23. 幽默

·当有朋友心情不好时，想办法逗他开心。

·常搜集新笑话并讲给家人或朋友听。

·面对生活中大多数的场合或情境，试图去发现其中有趣轻松的一面。

24. 热忱

·定期锻炼身体。

·每周至少进行一项户外活动，如爬山、骑自行车、快走或慢跑。

·通过养成一些好的睡眠习惯，如遵守固定的睡眠时间，不在睡前3—4小时进食，不在床上处理工作或学习，晚饭后不再喝任何含咖啡因的饮料，来提升自己的睡眠质量，以此保证精力充沛。

☀ 幸福实践

....

心理学实验

人类的性格优势

前文重点介绍了性格优势，那么，人类的性格优势具有什么样的特征呢？塞利格曼和彼得森（Christopher Peterson）于 2006 年开展了一项关于性格优势的国际性调查，使用"行动价值－优势量表"（Values in Action-Inventory of Strengths, VIA-IS）作为调查工具，调查了来自全球 54 个国家和美国 50 个州的 117676 个公民；结果表明，尽管性格优势的总体水平在各国之间存在一些差异，但仍有较为明显的同质性。然而，这项调查的结果在样本选取上存在比较明显的问题，比如美国公民的样本量占了绝大部分（83576 人），而在其他 54 个国家中有 34 个国家的样本量少于 100 人，21 个国家的样本量少于 50 人，这都削弱了样本代表性和最终结论的准确性。

鉴于上述局限，麦格拉斯（Robert McGrath）在全球更大范围内开展了性格优势的调查研究，希望可以弥补上述研究的不足并对人类的性格优势进行数据更新。这项研究同样采用 VIA-IS 作为调查工具，调查对象来自全球 75 个国家共计 1063921 个公民（保证每个国家至少有 150 个有效样本），整个调查历时 10 年（2002—2012 年）。麦格拉斯的调查结果如下。

被调查的 75 个国家公民的性格优势存在明显的趋同性和跨文化一致性，这也间接证明了 VIA-IS 量表作为性格优势测量工具的普适性和有效性。

诚实、公平、善良、好奇心和开放性思维在至少 50 个国家公民的性格优势中都名列前 5 位，在一定程度上可以认为这是人类最普遍也是最突出的 5 种性格优势；公平在所有 75 个国家中排在前 5 位。在 20 个国家中，同样被广泛认可的力量——爱情，排在前 5 位。

相对来说，谦虚和自我调节在 75 个国家公民的性格优势中都接近垫底，而审慎和灵性在至少 50 个国家中都排在最后 5 位，也说明，这 4 种性格优势在人类身上的表现相对微弱，并非人类的普遍和突出特质。

最后，麦格拉斯也指出，受调查内容和样本特征的影响，这项研究的结论也许只能推广到那些受过相对良好的教育、经济状况良好，并且对美德和性格优势话题感兴趣的人群中。[①]

测一测

你的性格优势

塞利格曼等开发了网络版的 VIA-IS[Authentic Happiness | Authentic Happiness (upenn.edu)][②]，如果你不愿意上网完成题目众多的 VIA-IS，那就试试下面这份精简版的优势调查吧，相信同样会让你对自己的性格优势有所体悟！

题项	非常同意	同意	中立	不同意	非常不同意
1. 我总是对世界充满好奇	5	4	3	2	1
2. 我总会感到无聊	1	2	3	4	5
3. 学习新东西总会让我兴奋异常	5	4	3	2	1
4. 我从来不会主动去参观博物馆	1	2	3	4	5
5. 我是一个冷静而理性的"思考者"	5	4	3	2	1
6. 我常常很冲动，匆忙做出判断	1	2	3	4	5
7. 我总喜欢琢磨解决问题的新方法	5	4	3	2	1
8. 我的大多数朋友比我有想象力	1	2	3	4	5
9. 各种社交场合，我都能应对自如	5	4	3	2	1
10. 我不太善于体察他人的想法或情绪	1	2	3	4	5

---

① McGrath R E. Character strengths in 75 nations: An update[J]. The Journal of Positive Psychology, 2015(1): 41-52.

② 塞利格曼 . 真实的幸福 [M]. 洪兰，译 . 沈阳：万卷出版公司，2010.

题项	非常同意	同意	中立	不同意	非常不同意
11. 我比较擅长分析形势，顾全大局	5	4	3	2	1
12. 很少会有人来向我寻求建议	1	2	3	4	5
13. 我总能在逆势或困境中挺身而出	5	4	3	2	1
14. 痛苦或挫折常常让我灰心丧气	1	2	3	4	5
15. 一旦开始做某件事，我总能坚持到底	5	4	3	2	1
16. 学习或工作时，我经常容易分心	1	2	3	4	5
17. 我总能信守承诺	5	4	3	2	1
18. 从来没人告诉我，我是个实事求是的人	1	2	3	4	5
19. 我常常帮助他人，与人为善	5	4	3	2	1
20. 我不太会为他人的成就感到由衷的欣喜	1	2	3	4	5
21. 在我的生命中，有人像关心自己一样关心着我	5	4	3	2	1
22. 我不太懂得如何接受别人的爱	1	2	3	4	5
23. 我总会竭尽全力完成团队的任务	5	4	3	2	1
24. 我不太愿意为了集体而牺牲自己的利益	1	2	3	4	5
25. 我能够平等地对待任何一个人	5	4	3	2	1
26. 如果我不喜欢某人，我很难以公平之心来对待他	1	2	3	4	5
27. 我总能召集他人，同心共事	5	4	3	2	1
28. 我不太擅长组织集体活动	1	2	3	4	5
29. 我能很好地控制自己的情绪	5	4	3	2	1
30. 节食对我来说是件异常困难的事	1	2	3	4	5
31. 我尽量避免参加那些可能危害身体的活动	5	4	3	2	1
32. 我有时会在人际交往中做出有失妥当的选择或决定	1	2	3	4	5
33. 当别人称赞我时，我总会试图转换话题	5	4	3	2	1
34. 我常常向人夸耀自己的成绩	1	2	3	4	5
35. 我总能被音乐、戏剧、电影这些艺术作品所感动	5	4	3	2	1
36. 我从未亲手创造过任何美好的事物	1	2	3	4	5
37. 哪怕是不起眼的小事，我也会对帮助我的人说谢谢	5	4	3	2	1
38. 我从来不会静下心来回顾生命中曾有过的感动	1	2	3	4	5
39. 我总能看到事情好的一面	5	4	3	2	1

续表

题项	非常同意	同意	中立	不同意	非常不同意
40. 我很少会为达成目标而制订一个周详的计划	1	2	3	4	5
41. 我有明确的人生目标	5	4	3	2	1
42. 我对生活没什么特别的追求	1	2	3	4	5
43. 我能做到既往不咎	5	4	3	2	1
44. 我有时会得理不饶人	1	2	3	4	5
45. 我能很好地协调工作与娱乐,张弛有度	5	4	3	2	1
46. 我不太会说笑逗乐	1	2	3	4	5
47. 做任何事时,我都能全身心投入	5	4	3	2	1
48. 我总是闷闷不乐	1	2	3	4	5

上面这些题目,两两一组对应同一优势,例如,第1、2题对应"好奇心",第3、4题对应"好学",以下依次为:开放性思维、创造力、社交智慧、洞察力、勇敢、毅力、正直、仁慈、爱、社会责任感、公平、领导力、自我管理、谨慎、谦虚、美的领悟、感恩、乐观、信仰、宽恕、幽默、活力。现在,请把对应同一优势的两题得分相加,这是你在某种优势上的得分。然后,再把所有24种优势按照得分由高到低进行排序,最前面的5种优势就是你的"显著优势"啦!

练一练

寻找自己的优势

"高光时刻"

回忆经历过的、让自己感到骄傲的事情,并在其中找出最能体现自己优势的故事。回忆越具体越好,可以讲出来给自己听,也可以分享给他人。这样的练习能给自己积极的暗示和肯定,从而提升自我认同感,激发正能量。

"优势树"

在纸上画一棵树，把自己的优势贴上去、画上去或写上去。这个方法可以让我们直观地看到自己的优势，从而对自我和未来充满希望，并且与他人产生人际联结，更好地体会人生的意义。

发现别人的品格优势

"优点轰炸"

邀请家人或朋友一起做这个练习。大家轮流用三个词来描述其他人的优点，态度要真诚。积极的品格描绘有助于提升愉悦感，增加自我和他人应对困境的力量。

第四章 积极自控：化压力为动力

在经常监督的压力之下成长的人们，不能希望他们多才多艺，不能希望他们有创造的能力，不能希望有果敢的精神，不能希望有自信的行为。

——赫尔巴特

卷不动，躺不平

小东刚进入大学时，还未确立学习目标和方向，看见身边优秀的甲同学天天泡图书馆，乙同学到处参加活动，丙同学沉溺于考各种证书……总会不自觉地拿自己和别人比较，生怕自己落后，一时间陷入"我该怎么办"的焦虑和恐慌中，于是小东"被迫学习"，以奖学金、保研作为目标去追求高分。为了获得更高的绩点，小东将重点放在了课业和科研比赛上，于是天天泡图书馆，上课永远坐在第一排，报名参加了能参加的所有科研竞赛，熬夜写文本、做PPT准备答辩是常态，想以此获取高分，因此小东消耗掉更多的时间和精力，但在一些科目上仍然没有得到理想的成绩，科研比赛结果也不尽如人意，大一学年也无缘奖学金，距离保研的目标也相差甚远。

于是，到大二学年，小东像换了一个人似的，"破罐子破摔"，既然"卷不动"，便彻底放弃努力，就地"躺平"，没课的时候窝在宿舍跟朋友打游戏、刷剧到深夜，吃饭靠点外卖，不点名的课就不去上，期末考试前临时抱佛脚，连续熬几个通宵，只要不挂科就行。一学期过后，小东有三门课程需要补考，被学校学籍预警，心情非常低落，找到咨询师。

小东无奈地说："大家都好优秀，我也想努力并且已经尝试过了，但还是什么也没有得到，与其那么辛苦地'卷'，还不如轻松地躺着，反正结果都一样，但是内心却非常的不安。"在与小东沟通的过程中，咨询师感受到他的不安、焦虑、消极，以及同辈给他带来的压力。

当我们看新闻或跟身边人交流时，常常会看到"内卷""躺平"等对现实社会竞争状态的描述。持续增长的压力已经成为现代社会新的流行病。有调查显示：一半以上的美国人把工作压力看作他们生活中的主要问题；四分之一的美国工人说他们的压力如此严重，以致他们感到精神崩溃正在迫近；超过五分之三的就诊涉及压力相关疾病。据报道，90% 的疾病与压力有关。哈佛大学的研究表明，生活在极度焦虑状态下的人比无忧无虑的人患突发性心脏病致死的概率要高出 4.5 倍。随着社会节奏的日益加快，压力正危害着人类。大学生也不堪重负，压力打乱了我们的生活节奏，疏远了我们的人际关系，降低了我们的工作和学习效率，摧毁了我们的健康，影响了我们的生活质量，阻碍了我们快乐地享受生命的美好，降低了我们的幸福感。因此，有必要从积极心理学的视角重新解读压力，将不可避免的压力转化成我们学习、生活上的动力。

一、了解压力

（一）定义压力

乔治（Mike George）在他的作品《学会放松》中说："我们的生活是一个充满变化，孕育着不确定性、危机感和焦虑的世界。虽然有些人会把压力视为实现人生巅峰状态的必要因素，但更多的人则会认为它是引起一些疾病的原因。"压力和我们的生活息息相关，但是它却很难定义，因为它对人的影响和意义因人而异。来看看几种常见的定义吧！

第一，压力作为反应。将压力定义为体内的生理反应："压力是紧张性头痛""压力是胃里打结"。

第二，压力作为刺激。将压力看作刺激的人将压力定义为外界对自己提出的要求："压力是一种力""压力是高度竞争的学习环境""我的老师就是压力"。

第三，压力作为一种交互过程。对于一些人，压力是一种交互过程：是刺激、对刺激的感知及所引起的反应之间的交互作用，"压力是想到要在全班同学面前发言时身上的肌肉紧张、身体发抖"。

总的压力体验包括原因、刺激物和各种压力反应，以及我们对压力来源的感知。大部分定义强调压力的某一个方面。强调刺激或起因的定义用紧张性刺激（stressors）来描述压力，即各种激发压力的外部和内部刺激，如高度竞争的学习环境或家庭变故。

有专家认为可将压力定义为当事件打破个体的平衡或超过其应对能力时个体的反应模式。当事件干扰了我们通常的机能水平，并需要我们做出额外的努力来重建平衡的时候，我们就在经受压力。例如，在通常情况下我们都在晚上 10 点睡觉，但一个月后的英语六级考试，使我们不得不熬夜到晚上 12 点睡觉，打破了我们原来的作息平衡，英语六级考试对我们来说就是压力。

有些专家则强调我们看待这些事件的方式的重要性。例如，一些同学可能认为英语六级考试是大学学习的正常组成部分，是发挥自己能力的机会。另一些同学则可能想到考试没过的种种不良后果而感到极度紧张。

布鲁纳（Richard Blonna）借鉴了其他人对压力的定义，将压力定义为在个体和压力源之间的整体交互过程，导致身体产生压力反应。整体交互是一种压力评估过程，其中包括压力源、个体和环境。个体的评估过程受到其满足感水平的影响，受到个体在处于特定环境下时应对压力源的能力及压力源的影响，压力源是个体评估为能够造成伤害或损失的任何刺激。压力反应是身体在面对威胁、伤害或损失时为了保持平衡所做出的一系列生理适应。这个对压力的定义认识到感知和应对在评估压力源时的重要性。对压力源的感知受到个体整体满足水平的影响，并将环境因素引进个体压力模型。压力不是发生在真空之中，它受到宏观环境和微观环境的影响。压力也是非常个性化的，对一个人有压力的事情可能对另一个人没有影响。①

---

① 桑特洛克. 心理调适：做自己心灵的 CEO [M]. 王建中，吴瑞林，等译. 北京：机械工业出版社，2015.

（二）压力来源

1. 周边环境

生活中的很多压力都来自外部环境。你可以想象一下你在学习生活中产生的和环境有关的压力。你需要的一些课程可能已经被取消了，连做一个像样的学习计划也不可能。你可能难以平衡自己的兼职计划和校内的学习安排，还会被朋友和同学关系搅得心烦意乱。很多情形，无论大小，都可能在我们生活中产生压力。有些灾难事件，如战争、车祸、火灾或亲人去世都会产生压力。每天按时按点，做着超负荷的工作，处理难办的事情，或者为同学、老师关系而烦恼，也同样会产生压力。

一些健康心理学家研究过个人重大生活事件的效应。经历重大生活变故的人患心血管疾病并且早逝的概率比没有经历重大生活变故的人要高。研究人员发现，同时经历几项压力，效应会叠加。一项研究发现，受两项生活压力长期困扰的人，最终对心理辅导的需求高于那些只需应对一项长期压力的人。一些健康心理学家认为，有关日常烦心事和情绪高涨的信息比生活事件本身提供了更多的压力源效应的线索。长期从事无聊紧张的工作及生活贫困带来的充满高压力的生活会造成心理失调和疾病。

大学生最大的烦心事是什么？一项研究表明，大学生的日常烦心事是浪费时间、生活孤独、担心能否取得好成绩。对考试的焦虑，也为许多学生带来了巨大的压力。而大学时代往往是我们对生活做出重要选择，以形成个人职业目标和自我意识特征的重要阶段，这也是压力的一个重要来源。[1]

2. 红玫瑰与白玫瑰

"娶了红玫瑰，久而久之，红的变了墙上的一抹蚊子血，白的还是'床前明月光'；娶了白玫瑰，白的便是衣服上的一粒饭粘子，红的却是心口上的一颗朱砂痣。"这是张爱玲对爱情选择的经典论断。在生活中，我们也会遇到

---

[1] 桑特洛克. 心理调适：做自己心灵的 CEO [M]. 王建中，吴瑞林，等译. 北京：机械工业出版社，2015.

"红玫瑰"和"白玫瑰"的选择。

现实生活中我们往往面临很多选择，选择多的好处显而易见，它使我们选择到自己最满意的东西，给我们自我决定的权利，但如果选择的对象各有优劣，难分高下，选择过程让人觉得十分棘手，左右为难，有选择可能降低人们对于选择结果的主观评价。吉尔伯特（Daniel Gilbert）和同事做了一个实验。他们在大学里开设了一个短期的摄影培训班，被试在参加的过程中会拍摄并冲印一些照片。在培训班结束的时候，他们可以在两张自认为最好的照片之中选择一张留作纪念，另外一张则存档。被试被随机分为两组，其中一组在决定留下哪一张以后还可以更改自己的决定，留下另外一张；而另一组一旦决定就不能反悔。结果是没有选择的那一组对自己留下的照片更加满意。[①]

过多的选择会使我们产生心理冲突和矛盾。矛盾和冲突也是产生压力的来源。冲突最早由米勒（Neal Miller）于 1959 年提出，他研究出有关冲突的三种类型。

- 双趋冲突指两种或两种以上目标同时吸引人，人都想要，而只能选择其中一种目标时所产生的内心冲突。这是一种趋近型冲突，即所谓的"鱼我所欲也，熊掌亦我所欲也"式冲突。到底是选择出去旅游，还是去听一场演唱会，还是好好完成研究计划？这种冲突在这三类冲突中压力最小，因为无论哪种选择都会带来积极结果。
- 双避冲突又称负负冲突、避避冲突，是指两种或两种以上目标都是人想要回避的，而只能回避其中一种目标时所产生的内心冲突。这是一种回避型冲突，即所谓的"左右为难""进退维谷"式冲突。究竟是战胜压力听乏味的讲座，还是选择逃掉受到老师的批评？这两个都不想要，却必须选一个。很显然，这种冲突导致的压力大于两项诱人选择。
- 趋避冲突又称正负冲突，指个人对同一目标同时具有趋近和逃避的心态。这一目标可以满足人的某些需求，但同时又会构成某些威胁，既有

---

① 奚恺元. 撬动幸福 [M]. 北京：中信出版社，2008.

吸引力又有排斥力，使人陷入进退两难的心理困境。如大学生既想通过考研来提升自己的专业能力，又怕吃考研的苦。再如，都想通过减肥来改善自己的身体健康和外貌，但又担心减肥的过程太过辛苦，需要付出大量的努力和时间，而迟迟没有行动。

二、压力如何影响我们的生活

（一）压力与疾病

1. 压力与免疫系统

当一个人处于一般适应综合征的警觉或衰竭阶段时，免疫系统的功能将变差。在这一阶段，病毒和细菌将更容易繁殖并导致疾病。当前，研究人员对探索免疫系统和压力之间的这种联系有相当大的兴趣。他们的理论和研究已经产生了心理神经免疫学，一个探索心理因素（如态度和情绪）、神经系统和免疫系统之间的联系的科学领域。

来自科恩和他的同事的一项关于心理神经免疫学的研究发现，至少有一个月面对关于人际关系的或工作压力的成年人，比面对较少压力的人暴露在病毒中时，更容易患感冒。在这一研究中，276名成年人暴露在病毒中，然后被隔离5天。长时间经历重大压力的人患感冒的可能性几乎是那些没有长期压力的人的5倍；那些经历关于人际关系压力有一个月或更长的人，患感冒的可能性则是2倍。科恩的结论是，压力触发免疫系统和激素的变化，可能使感染更加容易。这个发现提示我们，当我们知道自己正承受压力时，我们需要比平常更加注意照顾好自己，然而，我们做的常常相反。科恩和他的同事在1997年同样也发现，与家人和朋友的积极的社会联系能够提供一种保护和缓冲，当人们暴露在感冒病毒中时，这种缓冲能帮助他们预防感冒。①

多项研究支持免疫系统和压力之间有联系这一结论，下面是研究人员的

---

① 桑特洛克. 心理调适：做自己心灵的CEO [M]. 王建中，吴瑞林，等译. 北京：机械工业出版社，2015.

发现。

剧烈的紧张性刺激（意外、从前生活中的事件或者刺激）会使免疫系统产生变化。例如，在相对健康的 HIV 感染者中，以及在癌症患者中，剧烈的紧张性刺激会造成免疫系统功能越来越差。

慢性的紧张性刺激（持续很长时间的紧张性刺激）伴随着增长的免疫系统反应的低迷时期。这种影响已经在居住于毁坏的核反应堆附近的人群，亲密关系中经历太多次失败（离婚、分居和婚姻不幸）的人群，以及正在照顾患有进行性疾病的家人和人群中得到了证明。

积极社会环境和低压力，与对抗癌症能力的增强密切相关。例如，拥有良好的社会关系和支持，常常和一种叫作 NK 细胞（natural killer cell，NK 代表"自然杀手"）的白细胞在体内的浓度有关，然而，较高的压力常常跟 NK 细胞浓度低有关。NK 细胞能够攻击肿瘤细胞。

另外两个导致更容易患病的交互作用的基本假设是：其一，压力直接促进疾病的产生过程；其二，充满压力的经历可能会激活休眠病毒，从而降低人体应对疾病的抵抗能力。这些假说可以帮助我们找到一些线索，以便更加成功地治疗一些最令人绝望的疾病，包括癌症和艾滋病。[①]

2. 压力与心血管疾病

你可能听到过有人这样说："由于他给她造成的压力，使她死于心脏病，这不奇怪。"但是，情绪的压力能导致人患心脏病是真的吗？目前还没有发现两者之间有明确的关系，但是显然，伴随着一般适应综合征的汹涌的肾上腺素导致血液更加迅速地凝结，血液凝结是心脏病的一个主要因素。

有证据表明，慢性压力与高血压、心脏病和早逝相关。研究人员已经发现，压力会通过改变根本的生理过程，影响心血管疾病的发生和发展。一项对 103 对夫妇（每对夫妇中都有一人患有轻度高血压）的研究发现，幸福的婚姻生活与较低的血压相联系，不幸福的婚姻则与较高的血压相关。在 3 年

---

① 桑特洛克 . 心理调适：做自己心灵的 CEO [M]. 王建中，吴瑞林，等译 . 北京：机械工业出版社，2015.

的研究中，有幸福婚姻生活的轻度高血压配偶的血压平均下降了 6 毫米汞柱，然而没有幸福婚姻生活的轻度高血压配偶的血压平均上升了 6 毫米汞柱。

紧张性刺激也间接地影响了患心血管疾病的危险性，当人们长期生活在压力状态下，他们更可能吸烟、暴饮暴食及逃避运动。所有这些与压力相关的行为都与心血管疾病的发生相联系。[①]

3. 压力与癌症

除了发现压力与免疫系统虚弱及心血管疾病有关外，研究人员还发现压力与癌症之间的联系。安德森（Barbara Anderson）相信，要更好地理解压力和癌症之间的联系，可以通过检查以下三种因素来实现。[②]

生活质量。许多研究已经证明，确诊癌症的人都遭遇了剧烈的压力。漫长的癌症治疗过程及疾病造成的家庭、工作和社会生活的中断，会导致长期的压力，这些紧张性因素会压抑身体抵抗包括癌症在内的多种疾病的能力。

行为因素。消极健康行为的增加或积极健康行为的减少，都与癌症的发生相伴随。例如，癌症患者可能变得沮丧或焦虑，并且更可能摄入酒精和其他药品。承受癌症重压的人也可能不会开始或者放弃他们原先的积极健康行为，如参加经常性的锻炼。这些行为可能轮流影响免疫系统，如滥用药物直接抑制免疫力，从而影响健康。也有越来越多的证据表明，积极健康行为，如锻炼，对免疫系统和内分泌系统都有积极影响，甚至对慢性病患者也是这样。

生物学途径。如果免疫系统不受威胁，它将帮助提供对癌细胞的抵抗，并减缓它的发展。但是，紧张性刺激导致的运动生物学的改变，制约了许多细胞的免疫反应。癌症患者血液中的 NK 细胞活性降低，NK 细胞活性的降低与癌症的进一步恶化相关，癌症病患者存活的时间长短与 NK 细胞的活性

---

① 桑特洛克. 心理调适：做自己心灵的 CEO [M]. 王建中，吴瑞林，等译. 北京：机械工业出版社，2015.

② 桑特洛克. 心理调适：做自己心灵的 CEO [M]. 王建中，吴瑞林，等译. 北京：机械工业出版社，2015.

相关。

4. 压力和疾病的关系

压力和疾病有联系吗？下面的公式被用来阐述压力和慢性疾病的关系。

疾病 $=S \times C \times F$

其中：S= 情感压力源；

　　　C= 个人压力、管理方式、健康的整体状况；

　　　F= 其他因素，如环境、药物史、基因等。

这个公式由拉格洛夫（Hans Lagerlof）在 1967 年提出，阐述了压力和生活方式之间、生活方式和环境与个体因素之间的复杂的相互关系，它阐述了为什么一个人可能死于压力相关疾病，而另一个人却没有。

（二）压力管理与幸福

如果说现代生活是一个高压锅，那么摆在我们面前的是它煮的汤。我们一直生活在两种压力中，一是作用于躯体的物理压力，如大气压力、地心引力、心脏压力等，这些压力维持生命形式。二是内在的精神压力，如生存竞争的压力、对危险与死亡的恐惧、人际压力、情绪与情感的压力等，这些压力保持人的警觉（清醒状态）和合适的行为模式。压力就像是生活的调味品，当程度超过我们应对它的技巧时，问题就出现了，最大的挑战是，我们要学会管理它。压力管理的一个重要原则是平衡。躯体与精神两种压力有点像跷跷板，躯体压力大，精神压力也会慢慢增大，反之亦然。通过放松来释放躯体压力，精神压力也得以释放。当我们集中心智工作太久，或者长期处在竞争的状态里，可通过机体的放松来释放内在的压力。而当我们懈怠太久，无所事事的时候，通过运动来保持精神的活力。在这锅压力汤面前，对付它的最好办法就是"不要喝过烫的汤"，我们需要制订一个能起长期作用的有效的个性化行动计划。一个好的计划必须是 SMART 的：

- Specific（具体的）;
- Measurable（可衡量的）;
- Agreed upon（商定的）;
- Rewarding（有回报的）;
- Trackable（可跟踪的）。

下面我们可以一起来制订这样一个 SMART 计划。
我本周的行动计划：进行体育锻炼。

- Specific（具体的）：每周三天做瑜伽，两天做普拉提；
- Measurable（可衡量的）：如心情放松，精神好等；
- Agreed upon（商定的）：这是我自己的决定；
- Rewarding（有回报的）：我得到做瑜伽和普拉提的乐趣和好处；
- Trackable（可跟踪的）：将每周的记录画成曲线，每月比较曲线图。

坚持你的 SMART 计划，不要成为"笼子里赛跑的老鼠"，关于这个故事是本 – 沙哈尔在他的幸福课上讲的一个故事，用"笼子里赛跑的老鼠"来比喻现代生活中劳碌奔跑的人们。老鼠在笼子里拼命地跑，它无论多么努力地跑都还是原地踏步，我们有时候也是这只老鼠，我们一直奔波劳碌，感觉脚步永远也没有停下，可是往往忘了问我们自己："我的目标是什么？意义何在？"最后发现，我们一直在白费力气。我们的生活有时候就像一个笼子，如果我们不思考改变，找不到出口，就永远是那只"老鼠"，忙碌且压力大，我们可以考虑为自己制订一个 SMART 计划，并行动起来，通往幸福的生活。

三、增强自控力，和压力做朋友

（一）平衡压力

对于压力，心理学家们有着独特的见解：不是教人们如何消除压力、逃避压力，而是教人们如何运用自己的潜能来管理好自己的压力，达到平衡与和谐的生活状态。

也许我们都经历过漫长而又无所事事的暑假，这个时候，我们可能会感到无聊、爱打瞌睡、对生活和学习都没有激情、动机不明、情绪低落，这也许是因为我们没有得到足够的要求，或是学习太轻松，我们可能会说"有点压力我会做得更好""有压力的时候我的效率高很多"，这就暗示着你当前压力不足。在这种情况下，我们可以给自己制定一个较紧迫的项目，接着一鼓作气地完成它。

在一般情况下，随着压力的增加，我们的精力获得提高，表现得更好，并且一直维持当时的最佳刺激。面对由某种要求带来的机遇，我们会觉得刺激、兴奋、富有挑战性，控制感恰到好处，对我们来说，当前的变化和多样性正合适。在这时，我们工作得最好。我们处于健康的压力条件，感觉最为满足。

可如果压力持续的时间太长——或是来自工作内外的压力不断增强，而支持却不足——我们就会越过适度点，开始变得紧张过度、刺激过度，此刻我们的表现变差了。接着我们会开始觉得要求太过分，我们无法履行承诺——我们的感觉变成了现实：我们受的压力过头了。我们可能会开始用行动削弱表现。我们会拖延时间、寻衅、吵架、工作时间很长却毫无成效、指派失误、入睡困难（或是睡得太多）、无法像通常那样清楚地看待事物。

我们会发现，压力会产生积极和消极两方面的影响。正确分辨压力的有利和不利作用很重要。有益的压力利用为我们提供必要的发展动力。一定程度的压力可以形成一种挑战，使我们能对每日生活中的问题有所留意。而有不利作用的压力指的是，那些给生理和心理状况带来负面影响的压力。这种消极的作用可以耗尽我们的精力，使我们感到心力交瘁。

在现代生活的许多方面，压力都已经成为一个不可缺少的组成部分。我们无法消除生活中的压力，但我们可以学习如何监视它所带来的生理和心理影响，从而学习管理压力。认识到对压力无效和破坏性的反应是处理压力作用很关键的一步。我们可以不必让自己成为压力造成的生理和心理影响的受害者。尽管很多压力都来自外部，但我们对压力的感知和反应却是主观的、内在的。也就是说我们可以决定自己的压力水平。因此真正的挑战在于，怎样去认识压力的作用，并做出积极的有建设性的反应而不是试图消灭它们。对于怎样保持压力适度这个问题，心理学家沃伦（Eve Warren）认为是可以通过训练（train）来达到的。

T 代表倾诉（talking）

倾诉使我们能够：

- 面对、发现和处理问题；
- 表达情感；
- 与人沟通观点，开始管理特殊压力；
- 反省和总结；
- 享受他人的陪伴。

在表达情感的时候，我们不仅能够把消极的感觉从胸腔里倾泻出去，还能分享我们的快乐喜悦，向他人显示我们的友爱、同情和关怀。因为人是社会性动物，我们都需要他人不同程度的陪伴，让对方成为自己的熟人、同事、朋友、家人或亲密的伴侣。向他们倾诉是满足这种需要的一种方式。倾诉也是建立人际关系网所需要的组成部分。

如何倾诉？

- 和你信任的人谈一谈困扰你、给你带来压力的事。
- 找时间反省自己，比如和别人谈谈情况。
- 通过跟他人倾诉在家或学校发生的事，保持畅通良好的沟通渠道。
- 参加俱乐部或训练班，说不定那里有和你志趣相投的人。
- 向一个关心你、态度中立的人进行咨询，你可以跟他谈论生活中任何给你造成困扰或是你认为能有所改进的事。你会得到帮助和支持，找到自己解决问题的办法。

R 代表放松（relaxing）

如果我们的生活充满紧张感——不管你是否喜欢它，务必要保证有放松的时间。我们对高压情况的回应包括了身体上的反应，因此学会放松是十分重要的。

如何放松？

- 定期练习任一快速放松的技巧，防止压力积累。
- 系统地检查身体，放松紧张的肌肉部位。
- 拉紧手和脚部的肌肉，接着再放松。
- 放松手和肩膀。
- 缓慢地深呼吸。
- 闭上眼睛，或是看远处的景物，对眼部进行放松。
- 指导自己放慢动作，如果你是个猛冲型的人，更要注意这一点。
- 防止紧张反应的五个步骤。

  第一步：对自己微笑；

  第二步：放松下巴，让嘴巴稍微张开；

  第三步：轻轻地、慢慢地深呼吸；

  第四步：随着每一次呼气，对自己说放松；

  第五步：放松肩膀，感觉自己脊背伸直。

• 瑜伽能通过柔和的训练，帮助我们达到身体、思想和精神上的整体平衡。

A 代表活动（activity）

积极地锻炼可以消耗掉部分精力，如果它们没有适当的宣泄出口，就可能形成压力。它还能释放一些被压抑克制的情感。从精神和身体两方面消耗掉全部投入做某事的精力，这是一种有效的平衡活动，它释放了思想上的压力。

如何进行活动？

• 按照适合你日常工作和生活方式的安排，定期从事喜欢的体育运动（一周两次）。

• 出门散步。

• 条件允许的话，用走路或骑自行车代替开车、乘公共汽车或火车。

• 游泳能锻炼到身体的大部分肌肉，而且不会给背部造成任何伤害。

• 在音乐的伴奏下，跳舞也能带来愉悦。

• 你可以参加任何程度的运动，但要保证它们不会增加额外的压力。

• 学习一项新运动。

• 利用你的思想和身体，从事一种有创造性、比较实际的个人爱好（如缝纫、绘画、木工、烹饪和陶艺）。记住，和人分享你的快乐！

I 代表兴趣（interests）

能在极端的压力时期保持平衡的人，往往在压力之外的生活领域拥有一种积极的个人兴趣。它既可以是个人单独的爱好，也可以是和他人一起追求的爱好。兴趣所在的领域可以完全和生活其他方面分开，它能帮助我们发展家庭或工作中所不需要的天赋、技巧和能力。

如何培养兴趣爱好?

- 读自己感兴趣的书、杂志和报纸。
- 去剧院、电影院、美术馆。
- 从事一种能占用你思路、扩展你技巧和知识的手艺、个人爱好或兴趣。
- 参加一个俱乐部，或是主题听起来有趣的团体。
- 从事一种能占去你全部注意力的创造性活动，如写作、玩音乐或绘画，不要给自己制定太高的标准，以免增加压力，你只需尽情地享受它给你带来的乐趣。

N 代表营养（nourishing）

均衡的饮食和充足的营养摄入对身体应对压力至关重要。压力会影响免疫系统，增加患疾病的风险。我们需要进食一些营养均衡、适合自己的食物。

如何给自己提供营养?

- 找一种营养均衡，适合自己体型和生活方式的菜单。
- 保证自己吃大量新鲜蔬菜、水果。
- 按你的年龄、身高和体格，保持正常范围内的体重。
- 如果遇到压力出汗很多，你一定要饮用足够的水。
- 在压力特别大、精神特别不好的时候，用你最喜欢的沐浴露泡个热水澡。
- 保证每天至少单独一次做你喜欢的事。
- 按摩能够放松由压力造成的过度疲劳和身体扭曲，重新恢复身体里能量流动的平衡。
- 善待自己。你不必担心钱的问题，它不是什么特别重要的东西。善待自己是能让你感觉很棒的事。

（二）防止压力升级

面对紧张刺激时，我们的身体会通过一系列的生理变化准备好应对袭击。对于压力反应的产生方式，塞利（Hans Selye）提出了三阶段理论。

第一阶段是警觉期，身体觉察到压力源，迅速动员资源以应对这种威胁。

第二阶段是适应期，或是抵抗期，身体将压力反应系统动员起来，重新恢复动态平衡。

第三阶段是衰竭期，只有长期处于压力之下，我们才会进入第三阶段，也就是相关疾病出现的阶段。塞利认为压力反应到后来，所有储备的能量都已经消耗殆尽，人也就开始生病了。就好比弹尽粮绝的军队，对于敌军压境的压力源，身体一下子失去了抵抗力。

塞利的三阶段理论提醒我们，如果长期处于压力之下，牺牲了能量的储存，我们将永远不能将多余的能量存起来，你会更容易疲劳，患病的概率也随之增高。长期让我们的心血管系统过度操劳，后果不堪设想。如果我们经常耗掉身体能量，却不能及时恢复，那么体内损坏之处，将永远得不到修补的机会。这就像无限期地延迟修建房子的计划，最终房子就会有突然倒塌的危险。长期压力会造成免疫力下降，在压力刚来时变得更聪明的大脑，也会被一类因压力而分泌的激素所伤害。这就提醒我们，压力来临时，除了调动我们自己的身体能量来进行抵抗，还需要适当地增加外援的力量，将我们的压力遏制在第二阶段。不要让长期的压力将我们储备的能量消耗殆尽，以免我们的身心崩溃。

（三）化压力为动力的方法

1. 简化生活

梭罗（Henry Thoreau）在 19 世纪时曾经劝告过他的同代人，去减少他们日常生活的复杂性："简化！简化！简化！做两三件事就够了，而不是 100 或 1000 件事；与其数到 100 万，数到 12 就够了。"在快节奏的现代，人们的生活纷繁复杂，事情分秒必争，梭罗的"简化"理念对于现代人更具指导意义。我们应该学会减少生活中的复杂性，关注内心需求，追求真正有价值的目标，从而更好地应对现代生活的挑战。

在现代社会的快节奏生活中，时间压力普遍存在，甚至成为许多大学生面临的重要问题。为了在有限的时间内创造更辉煌的简历，他们将越来越多的活动和任务挤进日常生活，导致时间压力不断增大。这种紧迫感让他们难以喘息，甚至忘记了欣赏身边的美好事物，如课程、社团活动、音乐、风景，以及与亲人的相处时光。

时间是一种宝贵的资源，而这种资源的有限性使得我们必须快速完成许多必要的事情。然而，过度忙碌的生活方式往往导致巨大的压力。沃尔夫（Susan Wolf）等指出，简化生活对于提高感情生活质量和降低压力水平至关重要。如果能够简化生活，降低压力指数，人们的情感关系将得到显著改善，同时积极心态也会更加明显。心理学家凯瑟（Tim Kasher）的研究表明，拥有更多的自由时间可以增加人们的幸福感。自由时间代表人们有更多时间去追求有个人意义的事情、反思和享受快乐。相反，时间的缺乏会导致持续的压力和奔波。简化生活可以提高我们的幸福感，因此我们需要学会如何保护时间并学会说"不"。对生活中的事件进行排序，选择自己真正想做的事情，同时学会放弃一些琐碎的事情。适当的休息是基本的压力缓冲剂，记住，少做并不代表做得不好！

2. 幽默

幽默（humor）的英文来自拉丁语（umor），意思是液体，比如水。幽默帮助我们更加"流动"，使我们的生活可以活动起来。液体是僵化和紧张的反面。幽默是一个最有趣，也最有力的压力缓冲器。幽默甚至被定义为一套生存的工具，面对无情的变化，它能缓解紧张，使我们易变和灵活，而不是变得僵硬和脆弱。不断的迅速变化是当代最具挑战性的压力诱因，而幽默是生活压力的主要解毒剂之一。关于幽默和乐趣，很多名人有自己独特的见解。

- 在医药中没有多少幽默，但在幽默中有大量的医药。

——比林斯（Josh Billings）

- 幽默是人类全部本领中真正优美的防御工事之一。很少有人会否认幽默的能量，它像希望一样，是人类最强大的清毒剂之一，用以消灭潘多拉盒子的灾难。

——韦伦特（George Vaillant）

- 如果你想瞥见一个人灵魂的深处从而了解这个人，只要注视他的笑。如果他笑得好，他就是个好人。

——陀思妥耶夫斯基（Dostoevsky）

- 欢乐中的欢乐就是有见识的而又无恶意的幽默的人。

——波斯特（Emily Post）

- 你脸上的笑容就是一道光明，告诉人们你真心实意地在家会客。

——克莱因（Allen Klein）

你肯定也有这样的经历：在听到有趣的故事，或是看了有趣的电影后总感到轻松自如。科学家们发现，仅仅20秒的笑对心血管的作用相当于3分钟的使劲划船；100次的笑相当于划船机器上的10分钟；10分钟的笑相当于2小时的睡眠；仅14分钟的笑就等于8小时沉思产生的轻松效果。在笑的时候身体内几乎所有的系统都参与了：骨骼肌和平滑肌收缩、呼吸的频率和深度增加、中枢神经系统唤起。在笑的时候至少有五个肌肉群在进行有节奏的反应：腹部、颈部、肩膀、横膈肌、面部肌肉。笑是肌肉紧张最好的滋补品。

幽默可以通过以下几种途径来抵消压力的负面作用。

- 幽默给你一个机会从现行的压力中暂时摆脱出来，让你赢得时间，从而能创造性地改变压力反应；它也能促进放松反应。
- 幽默恢复和补充耗尽的情感储量。
- 加强免疫系统，降低血压。

- 捧腹大笑实际上是一种体内的慢跑形式，它能向身体系统释放出内啡肽。内啡肽是一组感觉好的激素，是天然的镇静剂，它们至少以两种方式被释放到体内，一种就是捧腹大笑，另一种就是经常性的体育锻炼。内啡肽对身体的作用类似于吗啡，它是天然药物——便宜而且合法！
- 作为压力的平衡器，幽默能防止态度僵硬，它使我们能保持诙谐、有意思的风格，有助于保持积极的精神状态。

幽默对一些人来说很容易，对另一些人并非如此。但令人欣慰的是幽默不是一种天赋，它是一种能获得的技能，它完全置于你的驾驭之下，能够通过经常、反复的运用得以完善。

我们可以通过以下方式来习得这种幽默的技能。

- 立即开始收集好的幽默。收集漫画、歌词、笑话书、故事、朋友的来信、广告、照片、视听材料等等能使人发笑的东西。然后经常翻阅你收集的东西，特别是在生活中遇到困难时。
- 搞怪自拍，做出你最愚蠢可笑的表情，照几张相，找出最傻的照片，设成手机屏保，每当你将自己看得太严肃，把自己放在了宇宙中心，或者是应对可笑的人或事时，拿出你的照片好好地看看自己。
- 列出你所有的幸运条目，包括所有给你带来欢乐的人和事，同样经常回顾这些条目。
- 赞美生活并要在此时全身心地投入进去。当你不断地留意它并亲临现场充分意识到它时，幽默就会来临。要警觉并守住幽默。
- 和你的童心保持接触，经常运用你的想象力，采取一种诙谐、打趣的态度。
- 对待你自己，对待生活，不要太认真。

3. 增强控制感

这里的控制感指的是个体对能够控制自身的个人意愿的觉知。比如你到了一个陌生的地方先要找住处安顿下来，你会上网查询、买旅游指南或向他人询问，然后进行比较选择，做出决定。这时你自身就感知到找住处这件事是可控的。其实控制感与我们紧密相关，我们大多数时候都在做出选择，进行决定，虽然有时候自身并没有意识到。已有的研究表明当人的控制感受到威胁时，个人会表现出负面情绪，如生气、狂怒和愤慨。而一个人如果失去了控制感则可能表现出悲观、抑郁甚至绝望。

1976年，著名心理学家兰格（Ellen Langer）教授和她的学生罗丁（Judith Rodin）挑选了美国康涅狄格州阿登屋养老院的一批年龄跨度为65岁到90岁的老人做了一个实验。其中47名老人为实验组，他们被告知对自己的生活有自主权。另外44名对照组的老人则被告知，别人会给他们营造舒适的环境，在各方面帮助他们。

实验持续了3周，结果发现，实验组的老人在做自我报告时更快乐，也更有活力，而根据对实验不知情的护士的评估结果，实验组有93%的老人的身体状况得到了改善，对照组出现同样情况的老人只有21%。此外，两组老人在和他人的交往上也表现出了显著差异。实验组的老人与他人的接触增多，与各类工作人员都能长时间地交谈，而对照组则改变得很少。兰格教授在18个月后去回访这些老人，震惊地发现，有30%的对照组老人离开了人世，而实验组中去世的老人仅为15%。根据该研究并结合其他早期研究，兰格和罗丁指出，对于一个被迫失去自我决策权和控制感的人，如果我们给他一种较强的自我责任感，提高其对生活的掌控感，那么他的生活质量就会提高，他的生活态度也会变得更加积极。

在生活中，我们通常也会有类似的经历。小云英语四级连续考了4次都没有通过，到毕业前还有一次学校补考的机会，可是她放弃了，其实最后一次补考，题目很简单，学校的目的就是让所有的人都通过。当问到她为什么不去考时，她说："我肯定过不了，考了这么多次，都没过，说明我英语水平已经烂到无药可救的地步了！"她的这种心态在塞利格曼的研究中，被称为"习得性无助"。他以狗为实验对象，形象地展现了绝望心境形成的过程。塞利格曼把狗关在一个无法逃脱的笼子里，报警器一响，就给狗电击。刚开始，狗还会奋力挣扎逃脱，无数次后，狗发现逃跑是徒劳的，当电击再来时，狗就只趴在地上哀叫，没有逃跑的企图。最后，哪怕实验者把笼门打开，狗也不逃了。狗已经完全放弃了逃脱的尝试，它完全放弃了控制环境的意愿。事实上，人和动物有相似之处，当一个人发现他无论如何努力，都以失败告终时，他会觉得他控制不了整个局面，最终丧失斗志，并陷入绝望的心境之中。

早在 1966 年，心理学家罗特（Julian Rotter）就提出了控制点这个概念，指的是人们认为自己的行为结果是取决于他们的付出（即内控点）还是依赖于个人控制之外的偶发事件（即外控点）。研究者发现，与受外控点影响的人相比，受内控点影响的人更清楚哪些事情有益身体健康，哪些事情更有助于提高健康状况，受外控点影响的人在应对难题时不是积极地去寻求解决方法，而是采取自我保护策略，因此他们做事时往往更多地以失败告终。生活中压力的形成很大程度上是因为我们不能很好地处理遇到的问题。增强我们的自我控制力有利于我们解决遇到的难题。如果要评估你的控制点，请完成"我是内控型的还是外控型的"小测验。

· 你觉得绝大多数问题即使自己不去折腾也能自行解决吗？

· 你认为只要学习足够勤奋，任何人都能顺利通过每门课吗？

· 有些人天生就运气好吗？

· 大多数情况下，你觉得今天的所为可以改变明天要发生的事情吗？

· 你认为事情从来不会发展得很顺利，所以在多数情况下并不值得付出努力吗？

· 你认为有好事发生在自己身上是因为你付出了努力吗？

· 你认为当你犯了错误时你就真的无能为力了吗？

· 你觉得人们是否会喜欢你取决于你的表现吗？

·你常常觉得学校里大部分同学都比你聪明，所以刻苦努力也是白费力气吗？

·你是个做事之前有计划，以使事情做得更好的人吗？

·你觉得如果有人讨厌你，你也没办法去改变这一切吗？

·你认为睿智比运气更重要吗？

·你认为解决多数难题的一个最好的办法就是不要老去想它们吗？

·在列举朋友时，你会有很多选择吗？

评分：

若奇数题回答"否"或偶数题回答"是"，你就可以得到一分，因此你的控制点总分应在0—14分。

解释：

得分越高，你越有可能是受内控点影响的，能对发生在自己身上的事负责。得分越低，你越可能是受外控点影响的，自己的生活往往为环境或运气所掌控。倘若受内控点影响，你一般能更好地适应环境；如果得分低于7分，就要批判性地自我反思一番，想想怎样才能更好地掌控自己的生活。

4. 寻找支持系统

我们所处的这个世界是一个拥挤、充满污染、嘈杂、以个人成功为导向的世界，它会让我们感觉到孤独和不知所措。我们需要家庭成员、朋友及同事（同学）等支持系统来减缓压力。社会支持是指来自一个人所爱的或者所在乎、尊敬和重视的他人的信息和反馈，它是交流和相互支持的网络体系的一部分。

社会支持能带来三类好处：切实的帮助、信息，以及情感支持。

·切实的帮助。家人和朋友能够在窘迫的情况下提供真正的友善和帮助。当我们在经济上遇到困难时，亲人和朋友给我们提供资助，这样我们的压力就小多了。

• 信息。给予支持的人也可能会推荐具体的行动和计划，帮助处于压力之
下的人更加有效地应对问题。如果朋友们注意到我们承担了过重的工作
负担，他们可能会为我们提供建议，让我们能更好更有效地将任务分配
出去。

• 情感支持。朋友和家人能够使处于压力下的我们相信自己是被爱着的，
自己是个有价值的人。知道别人在乎自己会使我们具有更多的自信来应
对压力。

研究人员不断地发现社会支持有助于人们应对压力。例如，一项研究发
现，同正常人相比，意志消沉的人拥有较少的家庭成员、朋友和同事的支持。
而另一项研究表明，癌症、精神分裂和自杀的预兆都与远离父母和对家庭的
消极态度相关。另外一项研究发现，有慢性疲劳综合征的人们和疲惫的员工
所拥有的社会支持少于健康控制组的人群。还有一项针对 1999 年台湾地震以
后被迫离开家乡的人们所做的调查。该调查发现，那些获得较多家庭成员和
邻居社会支持的人，在地震发生一年后有较少的抑郁症状。根据对已知原因
所引起的死亡分析发现，寡妇要比正常的已婚妇女的死亡率高出 3—13 倍。①

那么社会支持是如何缓解压力的呢？帕克（Karen Park）等提出社会支持
的积极作用包括以下五方面的内容。

• 被爱、被关怀，并有机会与人分享亲密情感。
• 被尊重和爱惜，并能从中获得自我价值感。
• 通过与他人分享友谊、相互沟通、承担责任获得归属感。
• 从他人那里获得信息支持，这种信息支持不仅包括信息的获取渠道，还
包括建议和指导。
• 拥有可靠的社会网络（获得身心帮助的渠道）。

① 桑特洛克 . 心理调适：做自己心灵的 CEO [M]. 王建中，吴瑞林，等译 . 北京：机械工业出版社，
2015.

这五方面内容通过以下两种方式共同发挥作用来调节压力。

- 提供直接的保护作用，使潜在的压力承受者免于成为真正的压力承受者。高水平的社会融入和社会支持效果会对承受压力者起保护作用。也就是说，如果我们有广泛的社会网络，便可拥有良好的支持，免受生活压力的痛苦。这种作用实质上是一种预防作用，它减少了潜在压力承受者成为真正压力承受者的可能性。
- 缓解和减轻压力反应时的刺激强度。也就是说，当我们遇到压力需要社会支持时，它就会发生作用。

社会支持的重要性通过以下几方面表现出来。

人类相互接触。皮肤是主要的感觉器官之一，也是一个巨大的沟通系统。不管是皮肤与皮肤之间还是隔着衣服，接触都是一种重要的沟通模式，也是社会支持的组成部分。哈罗（Harry Harlow）的早期研究证明，如果猴子被剥夺社会接触和身体接触，只获得营养物质是不能正常成长的。重要的是，与有正常社会接触的猴子相比，它更可能发育不成熟或死亡。哈罗还证明，猴子即使受到人造金属妈妈或布制妈妈的"照料"，也比没有接触到任何妈妈形象的"照料"的情况好。很显然，不论是热情的拥抱、亲吻脸颊、拍拍头或肩膀、握握手、传递一个信息，还是搔搔头，传达的都是对人的爱、亲近、看重和爱惜。接触的感觉巩固了我们感知到的社会支持。

倾诉。倾诉已被发现可以降低血压、心率，增强免疫力。你可能听到过有人说"我的身体的每一个缝隙都在向别人诉说"以及"从胸口出来的感觉真好"。尽管这是种比喻的说法，但倾诉确实可以使我们的身心得到巨大放松。研究者发现，学生可以通过写日记来减轻压力。他们发现记录个人经历起初会使血压和心率增加，但接下来这两项指标会降下来。倾诉的作用在于一个人承受压力时降低其血压和心率的唤起水平。

减轻孤独感。孤独不同于独处，你一个人可以很充实，而孤独的感觉是你的周围可能围绕着很多不能满足你期望的人。孤独是一种当一个人的社会网络缺乏数量和质量时出现的一种不愉快的感觉。心理学家发现孤独与各种疾病相关，如心脏病、高血压等。孤独还与早死、免疫力低下相关。社会支持可以提供多种机会，建立友好的关系并减轻孤独感。正如拉扎勒斯（Richard Lazarus）指出的，"没有正常发展的社会关系，人类的存在意义在很大程度上就被削弱了。有活力的社会关系使得认同和参与成为可能，这些是异化和混乱的反面"。这种社会互动让我们感觉被关心和不孤独，使我们各方面的压力水平得到缓解。

（四）放松与运动

使人愉快的定期锻炼是我们对抗压力袭击的强大有效的同盟军。充满活力的有节奏的运动给我们的身体以燃烧多余肾上腺素和多余压力激素的机会，这些物质作为"战或逃反应"的一部分在我们体内循环流动。如果生活中充满过多的负性压力，那么锻炼则有助于减轻肌肉的紧张与僵硬，特别是面部和颈肩部肌肉。如果让这些紧张成为习惯会导致应激紧张性头痛或其他使人虚弱的慢性疾病。

定期进行调节身心的运动（如瑜伽、太极拳）会产生更好的减压效果。因为它们以柔和的方式教我们松开紧绷的那根弦，使我们放松下来。在我们随时都会变得急躁、紧张不安或在夜晚不能得到充分休息从而无法享受闲适宁静的睡眠时，它们都特别有效。

锻炼不仅帮我们处理在身处压力时身体中泛滥的毒素，还会对血液循环系统产生积极的影响，有效地把氧和营养物质输送到身体的每一个细胞。重要的是，定期锻炼身体也有镇静和增强活力的效果。我们可以在需要时选择适合的锻炼形式。

下面是很多心理学家推荐的并且已经得到证实的有效的运动基本指南，有助于增强我们的体力与耐力，同时也会增加我们精神上和情感上的积极体验。

1. 冥想

冥想是一种引导我们的注意力实现单一的、不变的或重复性刺激的过程。冯塔那（Luigi Fontana）说："简而言之，冥想就是当我们能排除各种纷扰时，我们的精神对无限的自然的体验。"正如本森（Herbert Benson）等的研究报告所指出的，有规律的冥想，可以为生活带来深刻的改变。

以下是一些冥想练习的建议。

- 选择一个安静的环境，尽可能减少外界的干扰。关掉手机、电视等可能会分散注意力的设备。
- 穿着舒适的衣服，坐在一个平稳的地方，保持身体挺直但不僵硬，让身体放松。
- 闭上眼睛，深呼吸几次，把注意力集中在呼吸上，注意吸气和呼气的感觉。
- 尝试将注意力集中在身体的各个部位，从头部开始，一直向下直到脚趾。注意每个部位的感觉，放松任何感到紧张的部位。
- 如果注意力开始飘走，不要感到沮丧或生气，而是轻轻地将其带回到呼吸或身体感觉上。
- 尝试保持冥想状态一段时间，开始时可以尝试5分钟，然后逐渐增加时间。
- 在冥想结束后，缓慢地睁开眼睛，坐一会儿，感受身体的变化和情绪的改善。

需要注意不要强迫自己进入冥想状态，也不要过度追求冥想的效果，让一切自然而然地发生。除了上述建议，还可以尝试一些其他的冥想练习，如音乐冥想、行走冥想等。无论选择哪种冥想练习，都需要保持耐心和坚持，才能达到预期的效果。①

① 本－沙哈尔.幸福的方法[M].汪冰，刘骏杰，译.北京：中信出版集团，2013.

2. 正念

正念最初源于佛教禅修，是从坐禅、冥想、参悟等发展而来。有目的、有意识地，关注、觉察当下的一切，而对当下的一切又都不做任何判断、任何分析、任何反应，只是单纯地觉察它、注意它。后来，正念被发展成为一种系统的心理疗法，即正念疗法，由美国麻省理工学院的卡巴金（Jon Kabat-Zinn）于 1990 年创立，广泛应用于治疗和缓解焦虑、抑郁、强迫、冲动等情绪问题。[①]

可以尝试以下练习。

- 观呼吸：寻找一个安静舒适的环境，选择一个舒服的坐姿，将注意力聚焦于呼吸相关的各种感觉上，关注呼吸给身体带来的感觉。
- 觉知情绪：觉知情绪的准备工作和观呼吸大致相同。在练习时保持对呼吸的觉知，当情绪出现时，感受情绪的存在，不被其左右，直到它消失，不进行批判，接受它的存在。
- 坐姿冥想：俗称打坐。要有无为之心境。坐定后，如果注意力游离到其他地方，再温和地将注意力带回到呼吸上。
- 身体扫描：练习时将注意力集中在身体某个部位的感受上，清楚地体验身体此刻的感受。
- 慈心冥想：将注意力转移到自己的呼吸和坐姿上，唤起爱与善的感觉和意向。依次祝福自己—祝福恩人—祝福亲友—祝愿众生。
- 葡萄干练习：仔细观察它的颜色、形状、气味、口感、味道，通过看、听、尝、闻、摸等动作，聚精会神地关注自己正在做的事情。
- 正念行走：选择一条小道来来回回地行走，或者在环形路上一圈一圈地行走。全身心地投入每一个行走的动作中、每一次呼吸中。

---

① 卡巴金.正念疗愈力 [M].胡君梅，黄小萍，等译.新北：野人文化股份有限公司，2013.

在做正念练习时，应该保持以下态度。

- 非评判（non-judging）：不对各种身心体验（如感受、想法等）做好或坏的评判和取舍，只是单纯地觉察它们。
- 初心（beginner's mind）：面对每个当下的情景，保持好奇、开放，不用陈旧的习惯做自动化的反应。
- 放下（letting go）：对已经过去的经验和情境不执着和贪恋，安住在此刻的生命经验中，只是时时刻刻地觉察当下发生的身心状况。
- 信任（trust）：相信自然和生命的智慧，对练习保持信心和兴趣，相信时机成熟，相应的结果会自然出现，而种种结果都是好的安排。
- 无为（non-striving）：不强求想要的结果，或某种特定的经验，放下努力，只是处于当下，觉察此刻的种种状况。
- 接纳（acceptance）：意味着看见事物此刻的本来面目，即接受现状，并且愿意如实地观照当下自己的身心现象。
- 耐心（patience）：我们了解也接受，若干人事物只能依其自身速度展现。当我们通过正念练习来滋养自己的心灵与身体时，我们得时时自我提醒，别对自己失去耐性。

3. 瑜伽

瑜伽是一个教我们运用呼吸有效释放压力的运动体系，同时也有助于缓解紧张和焦虑不安感。所有形式的瑜伽都要建立非常明确的控制呼吸的意识，从而把每个姿势的最大效果发挥出来。此外，定期练习瑜伽会增强体质，使大脑变得宁静，增强耐力，加强身体的柔韧度，改善血液循环。自由顺畅的灵气将会到达全身的每一个部分。作为一种非竞争性的方式，瑜伽可以使我们认识到自己的力量，并在这种力量的基础上开发自我。它不仅能降低压力，还能扩展自我意识、深化精神性或使自己变得更为灵活。

4. 普拉提

这种方法作为一种理疗运动最初是由普拉提（Joseph Pilates）于 20 世纪 20 年代发展起来的。它既能减轻身体、情感与精神上的负面压力，又能提供健康计划以促进减肥。在进行这项锻炼时，注意力要集中，因为它全面强调呼吸的深沉稳定，也确实能减慢心跳和降低血压，所以定期练习普拉提也有助于减压。

其实游泳、跳健美操、打太极拳等运动也能很好地减压，大家可以根据自己的兴趣选择适合自己的运动类型，并长期地坚持下来。

☼ 幸福实践

....

心理学实验

如何和压力做朋友

长久以来，压力被视为健康的敌人。然而，新的研究表明，压力只有在你觉得它是健康威胁的时候才会对你的健康产生不利影响。心理学家麦格尼格尔（Kelly McGonigal）在 TED 演讲"如何与压力做朋友"中通过分享自己的研究结果，鼓励人们用更积极的态度看待压力，和压力做朋友。

第一项研究

这项研究是哈佛大学做的，其主要目的是探讨如何改变人们对压力反应的看法，以改善身心健康。在这项研究中，被试被教导将压力反应视为助力，而不是威胁。他们被教导将心跳加速看作蓄势待发的状态，将呼吸急促看作为了让大脑得到更多氧气的正常反应。通过这种思维方式的转变，被试学会了以更加积极和健康的态度对待压力。这种思维方式的转变对被试的身心健康产生了显著的影响。那些学会将压力反应视为有助表现的人，较少感到焦虑和紧张，信心反而提升了。更为重要的是，他们的生理压力反应也发生了改变。在典型的压力反应中，心跳加速和血管收缩是正常的反应。然而，这种反应长期存在会导致心血管疾病。在这项研究中，当被试将压力反应视为有助表现时，他们的血管会放松，心血管系统的状态更加健康。

这项心理学研究为我们提供了一种全新的对待压力的态度和方法。通过改变思维方式，我们可以将压力转化为积极的力量，改善身心健康。

第二项研究

研究追踪约 1000 名美国境内 34—93 岁的成人，研究一开始调查被试去年的压力大小及目前花在帮助邻居、朋友等他人的时间。通过公开档案看随后五年内这群人的死亡情况。

一般来说，任何引起重大压力的生活经验，像财务困难或家庭危机，会让死亡的风险增加30%。但是，并非每个人都这样。那些花时间关心他人的人，他们的死亡风险完全不受压力影响。

这证明了催产素在帮助人们应对压力和逆境中的重要作用。催产素不仅让人渴望与亲友间的肢体接触，强化同理心，还促使人更愿意对关心的人伸出援手及给予支持。但其实，它也是一种压力激素，是由下丘脑分泌的，是压力反应的一部分。当身体面临压力时，催产素会被释放到血液中，与肾上腺素等其他激素一起引发心跳加速等生理反应。催产素在压力反应中的作用却远不止于此，它还会驱使人们寻求社会支持。当身体处于压力状态时，催产素会让人想要找他人倾诉，而不是将问题闷在心里。这种生理反应确保人们会注意到周围有人陷入困境，并促使人们相互扶持。当生活变得困难时，压力反应让人们希望身边都是关心他们的人。

这项实验再次证明压力对健康的危害并非无法避免。当人们选择将压力反应当作助力，生理系统也跟着无所畏惧。面对压力，选择人际互动，便能造就韧性，帮助我们更好地应对生活中的挑战和困难。

这两项实验，让我们对压力有了全新的正面看法。加速的心跳，为的是努力产生力量和能量，让我们更高效地处理工作和学习，准备好迎接挑战；压力促进催产素分泌，让我们寻求社会支持，促进亲密关系。

测一测

我的抗压能力如何？

根据你有多长时间处于下列状况，从1（总是）到5（从不）给每一项打分。每一项都要标注，即使它不适合你。例如，如果你不吸烟，也要在第六项旁边选1。

1.我的一天至少吃一顿营养均衡且热量适宜的饭。　　　　　（　　）

2. 我一周内至少有四天可以睡 7—8 小时。　　　　　　　　（　　）

3. 我的感情生活是正常的。　　　　　　　　　　　　　　　（　　）

4. 在 75 公里范围内我至少有一个可以依靠的亲戚。　　　　（　　）

5. 我每周至少有两项出汗的运动。　　　　　　　　　　　　（　　）

6. 我限制自己一天抽烟不超过半包。　　　　　　　　　　　（　　）

7. 我一周饮酒少于五次。　　　　　　　　　　　　　　　　（　　）

8. 我的体重相对于我的身高是合适的。　　　　　　　　　　（　　）

9. 我的收入能够满足我基本的消费。　　　　　　　　　　　（　　）

10. 我可以从信仰中获得力量。　　　　　　　　　　　　　　（　　）

11. 我有规律地去俱乐部或参加一些社会活动。　　　　　　　（　　）

12. 我有由朋友和熟人构成的人际网络。　　　　　　　　　　（　　）

13. 我有一个或多个可以倾诉个人问题的朋友。　　　　　　　（　　）

14. 我身体健康（包括视力、听力和牙齿）。　　　　　　　　（　　）

15. 当愤怒和焦虑时，我可以敞开说出我的感受。　　　　　　（　　）

16. 我经常和住在一起的人谈论家庭问题，如家务事和钱。　（　　）

17. 我每周至少有一次娱乐活动。　　　　　　　　　　　　　（　　）

18. 我可以有效地安排自己的时间。　　　　　　　　　　　　（　　）

19. 我一天喝咖啡（或其他富含咖啡因的饮料）少于三杯。　（　　）

20. 我一天之中会给自己留一些安静的时间。　　　　　　　　（　　）

评分

将 20 道小题的得分加到一起即可以得到总分。

解释

得分低于 10 分，说明你有非常好的抗压能力；得分为 10—29 分表示中等的抗压能力；如果得分高于 30 分，说明抗压能力比较弱；高于 50 分则说明抗压能力很弱。你可以通过改进打分为 "3" 或 "3" 以上的项，以提高你的抗压能力。注意，几乎所有项目描述的情形和行为都超出你的控制。你可以关注那些最容易改变的事情，比如，平衡每天的饮食，至少每周娱乐一次，然后，再去处理那些看上去较难的事情。

我生活中的压力事件

以下列出的是大学生生活中常常出现的事件，请核对过去 12 个月中你生活中发生的事件并在空格里打"√"。等把过去 12 个月中发生的事件全部核对完毕后，再把打"√"的每一项对应括号里的分数汇总加在一起。

（100）亲密家人的死亡 □

（80）监狱服刑 □

（63）大学最后一年或第一年 □

（60）怀孕（自己或造成对方怀孕） □

（53）严重人身伤害 □

（50）结婚 □

（45）任何人际关系问题 □

（40）经济上困难 □

（40）亲密朋友的死亡 □

（40）与室友争执（超过隔日一次） □

（40）与家人有重大分歧 □

（30）个人爱好重大改变 □

（30）生活环境改变 □

（30）开始或结束一份工作 □

（25）与上司或教授之间出现问题 □

（25）杰出的个人成就 □

（25）一些科目不及格 □

（20）期末考试 □

（20）约会次数增加或减少 □

（20）工作条件改变 □

（20）主攻专业改变 □

（18）睡眠习惯改变 □

（15）假期只有几天 □

（15）饮食习惯改变 □

（15）家人团聚 □

（15）娱乐活动改变 □

（15）小伤小病 □

（11）小的违法 □

生活事件总分 _____

评分和解释也许可以预测你将在下半年遇到严重疾病的概率。如果你的生活事件得分高于300分，那么你在次年将有80%的概率患大病；如果你的总分在150—299分，你将有50%的概率患大病；如果你的总分低于149分，你患重大疾病的概率将降至30%及以下。

请记住，在解释你的生活事件总分时，事件列表没有考虑你如何应对这些事件。在经历充满压力的生活事件的时候，有些人能应对和调适得很好，而有些人却不能。

练一练

小胜策略

小胜策略是一种消除期望压力的循序渐进的方法。"小胜"指一个微小的，但是明确的改变，这种改变尽管很小，但确实向着我们的既定目标前进了一小步。我们先从容易的入手，然后再进行第二步，依此类推。许多很小的成功积累起来就会成为一个激励我们向着自己的目标前进的动力。这种动力会建立我们自己的，乃至周围人的信心。对期望中的压力就会因为这种信心而缓解甚至消失。

同时，通过小胜策略，我们会得到周围人的支持，因为他们看到了我们的进展。

小胜策略的注意事项

确定你能够控制的事情；着手进行你在第一个步骤中确定的事情，使这件事情沿着你所期望的目标转化；再寻找一件自己可以改变的事情，然后像第一件事情一样完成它；对这种改变要心中有数。

古语云：千里之行，始于足下。小胜策略练习是要求你将一个较大的难题分成若干个小的任务来对付。所有的步骤都基于这样一种思想——意识到自己的不断进步——每一个进步都会消除你的压力感。

作业

回答下面的问题。为了方便起见，每一个问题都对应一个例子，但是你的回答可以与例子无关。

◇ 你目前面对的主要压力源是什么？是什么让你感到焦虑和不安？（例如，我要做的事情太多了。）

◇ 构成问题的主要成分有哪些？把主要的问题分成较小的亚问题。（例如，我答应了很多事情，并且为自己定下了期限。但是我完成这些承诺的资源不够。）

◇ 这些亚问题的亚成分有哪些？请将这些亚问题分成更小的部分。（例如，我以下事情的期限快到了：报告、大量的阅读资料、答应家人的事情、一次重要的演讲、一个需要大量准备工作的会议。）

◇ 为了对以上的亚问题有所反应，我能够做哪些？（例如，我可以写一个比原来计划的较短的报告。我可以将材料随身携带以便阅读。）

◇ 在过去我采用的哪些策略帮助我成功应对了相似的压力情境？（例如，我请其他人帮助我分担一部分工作。我在等待的时候做一些阅读工作。我只是准备了回忆的要点。）

◇ 在我已经成功应对的一些压力源的过程中，有哪些小事情让我感觉不错？（例如，在与过去相比同样大的压力下，我的反应好多了。我已经充分地利用了自己所有的时间。）

提示

当你面对巨大压力时，请重复以上几个步骤。最重要的是要牢记以下两点。

◇ 将问题分割，如果可能，还可以进一步分割。

◇ 确定需要完成的亚问题（或者亚亚问题）的行为，然后着手去做。

第五章　积极思维：在逆境中成长

一切和谐与平衡，健康与美丽，成功与幸福，都是由乐观与希望的向上心理产生与造就的。

——乔治·华盛顿

脆皮大学生

　　小西是一名大三学生，学习成绩优异，一直担任学生会干部，有着较强的工作能力，大二时还拿过"优秀学生干部"的荣誉称号，深受老师和同学的喜欢。他也干劲十足，大三时竞选上了学生会主席，立志建设一个积极向上、团结有战斗力的学生会。这是一个有干劲、有活力、有目标的学生。但是，最近小西遇到了困扰，认为自己什么都做不好，学习也跟不上，繁忙的工作也没办法协调，对自己的能力产生了较大的怀疑，想辞去学生会主席的职务。

　　继"佛系""躺平"后，"脆皮大学生"这一新名词登上网络热搜，指当代大学生虽然年纪轻轻，但身心状态脆弱到不堪一击。近期，大学生以"作息混乱心律不齐""伸懒腰闪到脖子""科研压力大到emo（网络用语，指忧郁、伤感等负面情绪）""求职迷茫脑部发炎"等千奇百怪的理由请假，严重影响正常学业生活。这些看似"匪夷所思"的经历虽是偶发性个案，背后却折射出大学生"脆弱"的身心状态。怎样让"脆皮大学生"从人生必然遭遇的逆境中茁壮成长，我们自己又该如何善用逆境，从中获益坚强和乐观的"硬朗"人生呢？乐观、希望、韧性等积极思维让我们在逆境中成长。

一、积极思维是什么？

　　品质是后天养成还是先天生成，已经是个老生常谈的话题。你认为自己的智商或个性能逐步培养还是固定不变会分别造成什么样的影响？以僵化的思维模式，确信自己的性格品质无法改变，会人为地制造出需要不断证明自己的紧张状态。相信人的品质能够提高的信念可以创造出学习的激情，帮助你在挑战面前不断成长。不断超越自己，保持乐观和希望，即使在逆境中也誓不放弃的激情就是积极思维模式的精髓。也正是这种思维模式，容许人们在人生最富挑战的时刻依然能绽放自己。

心理学家彼得森参与了哈佛大学的一项有关成人发展的研究，通过查看档案来研究早年的思维方式是否与后来的躯体疾病存在联系。最初的参与者都来自哈佛大学，大概有 3% 的被试通过了测试，进入更进一步的心理和身体的测验。几乎所有的被试都在二战期间加入了美国军队。有些人是在结束了大学生活后参军的，有些人则是在上学期间参加了欧洲或太平洋战争。但不管怎样，他们中的绝大多数人都幸免于难。

1945 年，每个被试都接受了问卷调查：描述所遇到的"艰难的战争经历"。通过分析他们描述战争的文本，来看这个人是否会认为未来不再像艰难的过去那样（乐观主义），或者还是简单地把未来看作宿命的悲剧（悲观主义）。研究结果很有趣：使用积极思维方式的年轻人，35 年之后身体更健康。越是乐观的年轻人，越能在数十年之后拥有健康身体。乐观和健康的身体之间并非明显的直接相关，而是在被试达到 40 岁时才初次显示出相关关系，到 45 岁的时候相关性最高。[①]

由宾夕法尼亚州立大学的祖（Harold Zullow）发起的研究也进一步证实上述结论。这项研究是在 1988 年美国总统竞选发展到白热化阶段时进行的。研究探讨了总统候选人所表现出来的乐观态度是否能够影响到投票者投票以及竞选结果。关于这一点，我们会想到，乐观主义的精神往往是一个人有力的武器，所以这项研究的新颖之处在于，它要检验这种乐观精神是否在社会上具有感染性（以良好的方式感染别人）。研究者对 20 世纪在总统竞选过程中所有的竞选者在政党大会上发言的乐观或悲观程度进行分级。1900—1984

———————————

① 彼得森. 积极心理学 [M]. 徐红，译. 北京：群言出版社，2010.

年，那些较少提及负面事件并表现出更多的乐观主义态度的候选者，在 22 场竞选中赢得了 18 场。乐观主义精神至今仍然是吸引很多人注意的卓越品质之一，包括那些赢得了总统竞选的人身上也具备这样的品质。1992 年，克林顿（William Clinton）竞选总统时，这一点非常明显，他高调乐观地向美国公民传递这样一个信息"我来自一个叫作希望的地方"。在总统竞选演讲中，每一位竞选者都大声地标榜自己是一个乐观主义者，并且肯定比他的对手更加乐观，这种新的竞选形式在一定程度上也受到了前期研究结果的影响。不管怎样，结果证明：美国的选民更喜欢乐观而不是悲观的领导者。[①]

二、乐观

普遍意义上人们认为乐观是"相信事情会向好的方向发展，并有积极的结果"，相应地认为悲观是"相信事情会向不好的方向发展，并有消极的结果"。依据期望—价值模型，乐观是指个体对有关个人和社会的未来积极事件会发生的主观判断，悲观则指个体对有关个人和社会的未来消极事件会发生的主观判断。登贝（Steven Dember）等进一步认为乐观是指对生活的积极态度及行为表现。乐观者通常认为过去、现在和未来的生活中有好的、有利的或是有建设性的一面，并且这种态度能够在实际行动中体现出来，发挥出积极的作用。悲观者则正好相反，持有对生活消极的态度和行为。这种定义较为宽泛，似乎包含了诸多积极的人格、个体认知和行为成分。研究积极心理学的著名学者、希望理论的创始人斯奈德（Charles Snyder）教授认为乐观就是以理性、积极的情绪和态度接纳眼前既定的事实。[②]

---

① 彼得森. 积极心理学 [M]. 徐红，译. 北京：群言出版社，2010.

② 刘翔平. 积极心理学 [M]. 北京：中国人民大学出版社，2018.

（一）乐观的意义

1. 乐观让我们更幸福

卡弗（Charles Carver）等的研究表明，乐观水平高的个体体验到更高水平的主观幸福感，而悲观的个体则通常受到抑郁、焦虑等负面情绪的困扰。乐观和悲观带给人最为直接的影响就是遇到问题时情绪感受的差异。面对某一特定事件，人们的情绪随着事态的好坏会呈现出从热情、兴奋、渴望到愤怒、焦虑和沮丧的一个连续维度。乐观水平的差异正是调节这个连续维度的重要因素。乐观者总是期待良好的结果，即使事情很难，也会产生一系列相对积极的情绪。而悲观者则总是不看好未来事态的发展，进而产生一系列消极的情绪。

乐观与情绪的关系在非常广泛的人群中得到了证实。研究对象包括大学生、炸弹袭击幸存者、癌症患者及其照顾者、阿尔茨海默病患者及其照顾者、难产者、进行冠状动脉搭桥手术者、不孕不育者、骨髓移植者和 HIV 携带者等。这些研究都表明，乐观与人的情绪状态关系密切。不够乐观的人在遭遇消极事件时更容易苦恼，而且在事件尚未发生或证实之前，他们便已经表露出明显的消极情绪。而乐观水平高的个体则没有这一现象。

卡弗的一项关于产后抑郁的研究值得关注。研究中孕妇分别在生产前的三周和生产后的四周完成生活态度问卷和抑郁量表。结果显示乐观的孕妇抑郁水平更低，并且预测了其生产后的抑郁水平，即使在控制初始水平的条件下，这种预测效果仍然显著。这表明，乐观有助于个体抵抗产后抑郁的困扰。[①]

2. 乐观让我们更健康

基于乐观对个体身心带来的一系列积极效应，研究者发现，乐观个体的寿命更长。美国明尼苏达州的梅奥诊所选取了 839 个样本进行长期追踪研究，在被试接受身体检查的同时，测量其心理特质，其中包含了乐观特质。结果

---

① 刘翔平. 积极心理学 [M]. 北京：中国人民大学出版社，2018.

显示，乐观者的平均寿命比悲观者长 19%。

塞利格曼测试了 70 名心脏病患者，结果发现在 17 名被测试为最悲观的患者中，有 16 人未能经受住第二次心脏病发作而去世。相反，在 19 个被测试为最乐观的患者中，只有 1 人因第二次心脏病发作而丧生。阿尔 – 萨巴赫（Al–Sabwah）的研究表明，乐观可以在病人面临生命威胁时提供帮助。在荷兰一个以年老病人为对象的研究中，研究者在进行了 9 年的持续追踪之后发现，乐观者的死亡风险要比悲观者低 50%。墨菲（Patrick Murphy）等的研究还发现，乐观对生命受威胁的人是保护因子。以艾滋病患者为例，乐观的人症状出现得更晚，且存活时间更久。但需要说明的是，过度的盲目乐观会适得其反。过于乐观会使人们降低对病情严重程度的评估，拖延治疗时机。[①]

3. 乐观让我们有更和谐的人际关系

乐观水平高的个体容易建立和维护更加积极的人际关系。内夫（Lisa Neff）等的一项以新婚夫妇为被试的研究发现，无论是在实验室中，还是在其他的日常生活场景中，乐观者都能更加积极地解决问题。但是，悲观者则没有这一现象，同时他们的婚姻满意度在第一年的时间里就持续下降。史密斯（Timothy Smith）等研究发现，相比于悲观者，乐观的人与父母有着更加积极的关系。同时，在这项研究里，个体的乐观水平还显著预测了其长久的婚姻满意度。

本 – 沙哈尔等发现乐观者在人际关系方面的积极还体现在他们能够更好地养育子女上，包括收养的孩子也能很好地得到抚育。还有一些类似的研究结果，都表明了在乐观者家庭中，人际关系更加亲密和谐。乐观的人拥有更加和谐的夫妻关系和亲子关系。

同时，相比于悲观者，乐观者自我报告了更高水平的社会支持。乐观者通常在更大范围的社会环境和条件中发展，进而形成了庞大的社会网络。这使得他们与不同族群、年龄、职业和受教育程度的人产生联结。由于乐观者

---

① 　刘翔平 . 积极心理学 [M]. 北京：中国人民大学出版社，2018.

拥有良好的人际关系，这些社交网络便是一种潜在的社会支持力量。彼得森指出乐观者会积极寻找社会支持，使生活成功而愉悦，所以乐观与社会支持应是相互影响的，乐观者在遇到困境时会自动去寻找社会支持，而良好的社会支持反馈会使个体更加乐观。这种促进是双向的，即庞大的社交网络反过来也会增加个体的乐观水平，进而形成一个积极的循环。[①]

（二）习得性乐观

塞利格曼基于习得性无助理论和归因理论提出了乐观归因理论。前面我们讲到了塞利格曼用狗做实验，被电击数次后，不能逃跑的狗，到最后，哪怕笼子打开也不逃跑了。塞利格曼认为，狗在这个实验环境下学习到了这样的内容：任何行为都是徒劳的。这种无助和绝望感是通过数次尝试后学到的，故将这个现象称为习得性无助。塞利格曼进一步认为，很多抑郁症患者都是由于习得性无助患病的。习得性无助指在长期的定向刺激或训练下形成的对事件的消极应对。基于此，塞利格曼认为人类身上也普遍存在着这种习得性无助现象，当一个人将不可控的消极事件或失败结果归因于自身的智力、能力的时候，一种弥散的、无助的和抑郁的状态就会出现，自我评价就会降低，动机也减弱到最低水平，无助感、抑郁等消极情绪产生，进而放弃努力。

塞利格曼认为，这种习得性无助导致了一种认知定势，让个体确信成功与否与自己的能力无关。失败是由情境决定的，成功也是由情境决定的。因此，即使获得了成功，个体也很难从中获得自我效能感等积极的反馈信息。而其实"不可控的环境"并不是个体真实需要的条件。个体并不需要反反复复经历同样的事件来判断该情境是否可控，只要他觉得这件事情是不可控的，就可能产生无助感。

基于习得性无助理论和归因理论，塞利格曼提出乐观是一种解释风格。解释风格是指个体对成功或者失败进行归因时表现出来的一种稳定倾向，具有稳定性。按内部—外部、稳定—不稳定、普遍—特定三个评价维度，解释

---

① 刘翔平. 积极心理学 [M]. 北京：中国人民大学出版社，2018.

风格被分为两种：乐观解释风格（optimistic explanatory style）和悲观解释风格（pessimistic explanatory style）。乐观解释风格表现为将坏结果归因于外部的、不稳定的、特定的因素，将好结果归因于内部的、稳定的、普遍的因素；悲观解释风格表现为将好结果归因于外部的、不稳定的、特定的因素，将坏结果归因于内部的、稳定的、普遍的因素。

1. 宾夕法尼亚大学乐观训练方案（Penn Optimism Program，POP）

塞利格曼认为，当个体改变了看世界的方式时，悲观就会转变为乐观。她在《活出最乐观的自己》一书中，详细介绍了如何塑造乐观的性格。

大脑具有天生的惰性，随着刺激和事件的反复发生，会对不同的情境形成自动化的反应。因此，我们需要有意识地培养对自动化反应的意识，然后形成新的、更有效的方法去解释生活事件。最为常见的乐观提升方法是基于情绪 ABC 理论的 POP。该方案认为学会乐观最根本的方法就是了解你的 ABC，即识别和评估事件（A，adversity）、信念（B，belief）和结果（C，consequence）是与自己的归因方式有关的，是由解释问题和挫折的方式是积极的还是消极的决定的。通过与这些悲观的思想争辩，来减少悲观的倾向，从而提升乐观。POP 能有针对性地消除悲观的思想，并且通过管理自我对话、控制自己的态度使个体转向乐观。杰科克斯（Lias Jaycox）等设计了一项包含 12 单元 24 小时的课程，以 70 位具有抑郁症状的小学五、六年级学生为训练对象进行了乐观塑造的研究。研究结果显示，训练组更加乐观，抑郁症状减轻，而控制组则没有这一现象。两年之后的追踪结果显示，这一现象仍然存在。塞利格曼在北京地区也实施了相同的方案，对象是 220 位（8—15 岁）具有抑郁症状的儿童，研究的后测及 3 个月、6 个月的追踪测验结果均显示实验组乐观程度更高，抑郁程度更低。[①]

具体而言，POP 有三个主要的步骤。

---

① 刘翔平 . 积极心理学 [M]. 北京：中国人民大学出版社，2018.

（1）分析和解释

在消极的情境下，参与者被指导用 ABC 理论分析和解释不幸、不幸发生之前的想法，以及情绪变化的结果。

A：发生的事件（"演讲比赛老师没有选我"）。

B：人们对事件所持的观念或信念（"老师不喜欢我，因为我的表现力不强"）。

C：观念或信念所引起的情绪及行为后果（"我的心情变得更加糟糕了"）。

可以用这个方法让参与者进行无数次练习，并要让其意识到悲观信念和乐观信念的差异。这些信念影响了我们的心情变化。

（2）转移注意力

在情绪不好时，应该怎样做才能最快地平复心情呢？转移注意力就是让参与者从不断的悲观解释以及由此引发的消极情绪中尽快脱离出来。主要的方法包括"停—想—做"：在心中对自己大喊"停"，把注意力集中到外界的事物上；过会儿再思考这个问题；不幸的事情发生时，立即写下对它的悲观解释。

（3）辩论

通过与不合理的信念辩论，帮助参与者认清其悲观信念的不合理性，进而放弃这些不合理的信念，并建立新的乐观信念。在辩论的过程中，分别就证据、其他可能性、影响和功能四个方面进行讨论：这种悲观解释的证据是什么？这些证据是否属实？是否有可能有其他的乐观解释，让我们把不幸归因于外部的、特定的和不稳定的因素？如果找不出一个合理的乐观解释，那么这种悲观解释的消极影响是稳定的还是不稳定的？如果不能决定哪种解释的证据更充分，那么哪种解释对产生积极情绪和达成目标是最有用的？

例如：

A（事件）：演讲比赛老师没有选我。

B（信念）：老师不喜欢我，因为我表现力不强。

C（结果）：我的心情很糟糕，本来是 3 分，现在是 8 分。

D（辩论）：刚刚过去的合唱比赛我入选了，但是这次没选上。（证据）或许老师觉得我已经参加了合唱比赛，怕我忙不过来。（其他可能）虽然演讲比赛没入选，但我还有合唱比赛要准备。（影响）觉得老师是因为担心我太忙让我觉得更高兴。（功能）

E（效果）：现在感到好一些了，糟糕的心情从 8 分降到了 5 分。

2. 优势目标行动训练方案（Strengths Target Action Program，STAP）

侯典牧等认为利用自我优势会提升自我效能，那么也应该会提升一个人的乐观水平。据此，开发了 STAP[①]。

该训练从注意、认知、情感和行为四个层面对受训者进行干预，以期提升其乐观水平。

具体分为以下四个层面。

注意层面：通过发现自身优势和愿景目标，使受训者学会关注自身的积极方面。

认知层面：通过讲解乐观概念、乐观的效能（乐观与学习成绩的关系、乐观与事业成功的关系、乐观与身体健康的关系）、乐观者的认知倾向、乐观者的行为方式，使受训者深刻理解乐观者的认知行为特征及乐观的价值，学会积极的认知方式。

情感层面：通过愿景目标，树立对未来的积极期望，通过现实目标激发行为动力倾向。

行为层面：通过使用寻找自身优势、乐观行动训练等作业，强化乐观行为方式，养成积极行动习惯。

---

① 刘翔平. 积极心理学 [M]. 北京：中国人民大学出版社，2018.

三、希望

（一）希望三成分

斯奈德把希望定义为"在成功的动因（指向目标的能量水平）与途径（实现目标的计划）交叉产生体验的基础上，所形成的一种积极的动机状态"。具体而言，希望包含以下三个成分。

1. 目标

目标是希望的核心部分，被称为希望理论之锚（anchors of hope theory）。斯奈德认为，每个人都有自己的目标，所有的行为都是为了实现目标。完成目标时常用的两种方法分别是一蹴而就（all at once goals）和循序渐进（step by step）。斯坦顿（Robert Stanton）认为低希望个体常常认为目标是整体的不可分割的、巨大的，希望自己能在短时间内一蹴而就。这反而给自己增加了很多的焦虑，为实施实现目标的行动增加了阻碍，也更加难以达成目标。而高希望个体常用的是循序渐进的方法，习惯于把目标分成很多个小的子目标，逐渐实现每个子目标。设定的每个小目标都应该是易于实现的，能一步步指向最终的大目标。划分小目标能够提升个体的动机，让个体更易于行动。随着小目标的实现，动力思维和路径思维也会逐渐提升。[①]

2. 路径思维

斯奈德认为路径思维是一种认知，也有人称之为信念，即"我能够找到合适的方法（途径）达成目标"这样一种想法。高路径思维个体在有了一个目标以后，其大脑就开始自动运行，主动寻求达成目标的方法，并且预测每种方法的可能结果。所以谢尔（Michael Scheel）等提出高希望个体在达成目标的途中，有这么几个特点：一是容易获得多种路径，再根据自己的分析判断来得出一种相对最好的路径。二是在遇到障碍的时候，能够更加坚持。三是当一条路径被证明无法走通时，高希望个体也会很快想出办法来调整。例如，征

---

① 刘翔平. 积极心理学 [M]. 北京：中国人民大学出版社，2018.

询别人的意见、寻求帮助或者学习新的知识，甚至是调整现有目标，等等。这三大特征也促进了动力思维的提升，并且有利于个体达到目标，所以路径思维的重要性也就凸显了出来。而低路径思维个体常常不知道如何达到目标，思维比较固执，常常限定自己思考的方向，很难找到备用的路径。遇到障碍的时候，不知道如何去寻找新的路径也不认为自己能够找到新的路径，所以往往产生停滞不前的情况。这种挫败感又进一步降低了动力思维，损害了整体的希望水平。因此，对于低希望个体来说，提升路径思维是很好的一个方法。[①]

3. 动力思维

动力思维是一种动机的因素，能够驱使个体行动。但它也是一种认知，即"我一定能够实现目标"的想法和信念。动力思维在目标达成的各个阶段都有着非常重要的作用：在行为启动阶段，高动力思维个体能够很快对目标有所反应，迅速进行预测规划和行动；而低动力思维个体迟迟不能行动，行为拖延，为自己的目标达成制造阻碍；在目标达成过程中，如果遭遇了挫折和失败，高动力思维个体坚信自己一定能够达成目标，所以更加坚持，而低动力思维的个体很容易放弃。

在希望的三个成分中，目标是希望理论的核心。在希望驱动的实现目标的过程中，个体会产生路径思维和动力思维。路径思维属于认知系统，帮助个体寻找和制定实现目标的路径，而动力思维则属于动机系统，帮助个体认识到通过这些路径可以有效达成目标，进而付诸实施。在目标实现过程中，两个系统相辅相成，不可或缺。人类大脑有一种预期事件结果的自然倾向。[②]

（二）希望的意义

在古希腊神话中，潘多拉打开了宙斯给她的魔盒，无穷无尽的邪恶被散播出去，所有美好的祝福和庇佑都消失不见，但有一样东西除外：希望。每个

---

① 刘翔平. 积极心理学 [M]. 北京：中国人民大学出版社，2018.

② 刘翔平. 积极心理学 [M]. 北京：中国人民大学出版社，2018.

人都经历过希望：希望变得越来越好，希望得到最好的东西，希望给了我们憧憬未来的积极力量。很多的名人也曾对希望有自己不一样的见解。

"希望是一场清醒的梦。"

——亚里士多德

"我们的责任，就是在没有希望的地方创造希望。"

——艾伯特·加缪

"希望长着羽毛、栖息在灵魂中、它唱着没有歌词的曲子且从不停歇。"

——艾米丽·狄金森

很明显，我们需要希望，我们拥抱它、接受它，却也经常怀疑它——希望真的有奇妙的作用？越来越多的科学证据表明：希望既影响我们的心理也影响我们的生理。

1. 希望让我们的身体更健康

斯奈德等的研究表明，人们把手放进冰冷的水中忍受痛苦的时间长短与其希望水平有关，具体表现为在成人希望量表上得分更高的被试忍受的时间更长。不过这一现象在随后的实验研究中没有得到重复。另外一项研究则换了一个思路，研究者将被试分为两组，一组接受希望提升的训练，一组没有接受训练。研究结果显示，接受了希望提升训练的被试在冷水中忍受的时间更长。这表明了个体的生理感受与希望水平的变化有关。这两项研究表明，希望水平高的个体，能够调动更加积极的生理反馈，进而更能承受痛苦。也可能是因为希望水平高的个体本身生理健康水平高，耐受力强，故而可以忍受冷水更长的时间。

布瑞恩达斯（David Berendes）等对 51 名肺癌患者的希望水平和疼痛、行为、情绪关系等进行了研究。结果显示，希望水平高的肺癌患者报告了更低水平的咳嗽、疼痛、疲劳感和抑郁。也有研究发现，希望水平高的个体更不容易罹患高血压、呼吸道感染和肾衰竭等疾病。

那么，为什么希望水平高的个体会更加健康呢？有两个可能的原因：一是希望水平可能会直接影响个体的生理系统，通过对大脑神经递质、激素和免疫力等的调节，高希望水平的个体会表现出更高的健康水平；二是希望促进了积极的认知和行为，这些会有助于身体健康。[①]

2. 希望让我们更幸福

吉尔曼（Rich Gilman）等在 2006 年的一项研究发现，希望水平越高的个体心理健康水平越高，而希望水平低，则与抑郁、敌意等负面心理状态关系密切。在具体考察希望与心理健康的关系时，研究者多以生活满意度、生活质量、自尊、积极情绪和主观幸福感等为指标。例如，有研究通过中学生在希望问卷上的得分将其分为高分组和低分组，随后测量了其生活满意度、结构化课外活动、自尊、社会支持和家庭团结等心理健康水平指标，结果显示，高分组学生在上述变量上的得分均显著高于低分组。还有研究以 367 名儿童和青少年为被试（数量在研究期间有所损耗），在两年的追踪时间里共计三次测量希望和生活满意度和心理健康水平，结果显示生活满意度可以显著预测个体的心理健康水平，而希望起到了调节作用，希望水平高的个体，这种关系更强。贝利（Thomas Bailey）等在 2007 年的一项研究发现，高希望水平的个体自我报告了更多的积极情绪、更加和谐的家庭环境和更高的婚姻满意度。[②]

3. 希望促进个人成就

斯奈德通过研究也发现，具有较高希望水平的孩子，其自尊水平较高和内控能力较强，会有较多的积极情绪体验，会取得较好的学业成绩，会表现出较多的亲社会利他行为，会体验到较少的抑郁、焦虑、无助、孤独等负性情绪，将来也更容易成为成功和富有建设性的成人。另有研究表明，提升孩子对生活和学习的希望水平，能够激发其学习动机，消除其厌学情绪，提高

---

① 刘翔平. 积极心理学 [M]. 北京：中国人民大学出版社，2018.

② 刘翔平. 积极心理学 [M]. 北京：中国人民大学出版社，2018.

其学习兴趣和问题解决能力，促进其人格完善。

除了学业成就，希望对工作成就也有着显著的影响。欧韦尼尔（Else O.weneel）等的研究发现，高希望水平的个体工作投入度更高。尤瑟夫（Carolyn Youssef）等的研究发现，希望、乐观和复原力三个心理特质均与主观幸福感和工作满意度呈正相关，但只有希望与工作表现呈显著正相关。

那么，为何希望能够让个体获取更高的学业成就和工作成就呢？肯尼等认为，高希望水平的个体相信他们可以创造有效的路径来达成目标，即目标、动力思维和路径思维都是完备的，这使得他们在获得积极反馈之后进一步增强了信心，从而努力获取成就，而在失败之后，希望使他们仍然保持一定的积极情绪和认知，使得他们愿意进行更多的尝试，以及忍受失败的痛苦。

（三）提升希望

斯奈德给了我们一个行动的实施方案。

第一步，培养目标导向的思维。目标导向的思维，也就是给自己树立一个明确的目标。例如，今年我要升职，今年我要考上研究生，今年我要瘦身等。

斯奈德建议，最好的目标是那些可以实现、同时又不那么容易实现的目标。为此，他提出来一个设定目标的 SMART 原则，即我们设定的目标应该是：具体的（specific），可以测量的（measurable）、可以实现的（attainable）、有关的（relevant）、有时效的（time-bound）。

第二步，找到成功的方法。我们要相信自己一定能够找到实现这些事情、这些目标的路径和方法。越是有创造性的人，越容易觉得自己有希望。设定目标后，我们不妨经常想一想，能不能找到好几种实现目标的路径和方法，然后选择一种最可能成功的方法去执行。

第三步，落实行为的改变。"心动不如行动。"希望理论一个很重要的方面，就是强调个体的主观能动性。因此，我们要实现我们的希望，一定要积极主动采取行动。另外，对我们的希望感影响最大的因素通常是时间不够，这也要求我们一定要争取立即采取行动。最好的办法就是养成好的习惯。习惯形成后，我们就会发现既省时，又省力，更省我们的心神。

四、复原力

（一）什么是复原力

尼采说过："那些打不倒我们的，终将使我们更强大。"这说的就是复原力（resilience），也有人称之为心理弹性，其不仅指重大压力事件后的心理恢复，而且也涉及日常生活挫折后的心理恢复。关于复原力，不同的研究者有不同的看法，主要有以下三种倾向。

1. 复原力作为能力／特质

复原力是个体所具备的一种独特能力或特质，有助于其在面对压力时采取有效的应对策略。简而言之，拥有强大复原力的个体能够在各种压力环境下灵活应对，保持健康的心态。

2. 复原力作为过程

复原力是一个系统的、动态的过程，涉及个体与环境的持续互动。在这个过程中，保护性因素和危险性因素相互作用，共同影响个体在高压环境下的适应能力。

3. 复原力作为结果

即使在经历重大创伤后，具有强大复原力的个体依然能够实现积极的适应性成果。这反映了他们在应对挑战时，不仅能够恢复原有的功能水平，还能够实现更高层次的成长和发展。

综上所述，复原力既是一种能力或特质，也是一个动态的过程，最终还能产生积极的结果。当个体面临重大压力或创伤时，通过与环境的互动，他们能够利用自身的复原力实现积极的适应和成长。

复原力最容易从遭遇重大压力事件的弱势、高危人群身上看到。而针对复原力的研究从最初的父母有心理疾病的人群、受虐待的儿童和慢性疾病（如癌症）患者，扩展到处于不利社会经济地位的人群、生活在暴力环境的个体、遭受自然灾害的群体、离异人士及其子女、农民工子女、留守儿童、艾滋孤儿等，探索这些逆境中的人群是怎样在逆境中成长的。

（二）创伤后成长

当我们谈论"创伤"时，通常会想到它对个体发展带来的负面影响。然而，近年来心理学家发现，有一部分经历过长期虐待、绝症、亲人离世、战争、恐怖袭击等创伤事件的人，反而从这些经历中获得了积极的个人成长。这些人被称为"幸存者"。这个词既代表他们经历了负面的人生体验，也强调他们有力量度过了那些负面事件。1995 年，特德施（Richard Tedeschi）和卡尔霍恩（Lawrence Calhoun）提出了"创伤后成长"的概念。创伤后成长是指部分人在与具有高度挑战性的生命境遇抗争之后，经历的积极的心理变化：在创伤后，个体发展出更高的适应水平、心理功能和生命意识。

并非每个经历过创伤的人都会发生创伤后成长，那么，是什么让一些人发生这样的创伤后成长呢？它是如何发生的呢？

特德施认为，促成成长的关键因素不是创伤本身，而是幸存的过程——是尝试与创伤抗争、最终幸存下来的过程，决定了我们能在多大程度上获得成长。尽管我们很少有人会有意识地、系统性地尝试给创伤赋予意义，或者从中寻找创伤的好处，但当我们做出努力时，这种成长是真实存在的。

在每个经历创伤的个体身上，创伤带来的负面影响和正面影响都是并存的。只不过在每个人身上这二者的配比不同。有一些人能够不断通过"幸存"的过程，克服负面影响，让自己产生更多的正面影响。从这个角度说，创伤后成长既是一个过程，也是这个过程所产生的结果。

我们身边也曾见到过一些令人惊叹的"幸存者"。他们中有的人曾在童年遭受过父母严重的虐待，有的有与给身体造成极大痛苦的疾病抗争多年的经历，还有的曾经置身于一段充满了伤害与不安的关系。但在与他们接触时，你不仅很难察觉这些创伤留下的疤痕，他们甚至显得比一般人更加坚强和明亮。

（三）是什么让我们在创伤中成长

京东集团原副总裁蔡磊在 41 岁时确诊了渐冻症。渐冻症，医学上称为肌萎缩侧索硬化，是世界五大绝症之一。人类投入数百亿美金，至今连病因都没发现。蔡磊称自己不是一个"普通病人"，是"抗争者"，并会抗争到最后一刻。他建立了全世界最大的渐冻症科研数据平台，促成中国第一例渐冻症遗体和脑脊髓组织捐献，还聚合了顶尖学者、药企、投资人、医生，将渐冻症药物研发加速 20—50 倍。如今，他的双臂双手已经瘫痪，连行走都变得困难，讲话变得越发艰难，只能借助眼控仪办公。他知道自己留在世上的时间不多了，一边在准备后事，一边仍在致力于渐冻症新药研发。正如他自己所说"身体更难，斗志不减"，哪怕自己将走向生命尽头，仍未放弃与生命赛跑。"哪怕救不活自己，也可以为其他病人的救治带来希望"是他人生最后一次创业的信念。

是什么使得像蔡磊一样身处逆境的人，在逆境中成长？心理学家认为，复原力主要包括两个方面的影响因素：内在保护因素和外在保护因素。

1. 内在保护因素

内在保护因素是指个体自身所具备的一些特质，这些特质有助于调节或缓解危机所带来的影响。这些特质包括情绪稳定性、性格内外倾向及自我效能感等。

情绪稳定性较高的人通常具备较好的自我控制能力，他们不太可能采取偏激的方式来处理问题，从而增加了恢复的可能性。相反，情绪不稳定的个体容易激动，更容易采取偏激的行为，这增加了解决问题的难度。

性格外向的人热爱社交，拥有广泛的社交圈子。当他们遇到困难时，更容易获得朋友的支持和帮助，从而增加了恢复的可能性。相比之下，内向的人较为沉默寡言，不善于交际，他们获得的支持和帮助相对较少，这可能会降低他们的复原力。

自我效能感是指个体对自己是否有能力完成某项任务的推测和判断。具有较强自我效能感的人在面对失败时，通常比自我效能感较弱的人更有信心。他们相信自己有能力重新振作起来。

2. 外在保护因素

外在保护因素是指个体所处的环境中能够促进个体成功适应并改善危机影响的因子。这些因素包括家庭和社会的支持。

大量研究表明，家庭是最主要的外在保护因素之一。父母的教养方式与个体的恢复力密切相关。积极的教养方式有助于子女复原力的发展。家庭环境中的温暖亲子关系、支持性而非严苛批评性的氛围以及家庭凝聚力等，都有助于培养和提升复原力。

社会因素包括家庭以外的人际关系，如朋友、同事和社区组织等支持因素。个体拥有良好的人际关系并能够充分利用这些支持资源，他们主观感受到的社会支持程度越高，就越可能展现出更好的复原力。

（四）如何增强复原力

1. 接受变化，解决当下的问题

生活是一个不断变化的过程，学会接受并适应变化是至关重要的。灵活性和对变革的积极态度可以帮助你更好地适应不断变化的环境。当灾难来袭，尽可能利用身边一切资源应对困境，先解决问题。

当问题的结果已经产生时，想想有什么更好的应对措施或补救办法。在问题处理完之后，想想可以改善和优化的地方，以避免下一次的失败。防患于未然，在困境来临前就训练自己做好准备。

（1）宣泄情绪，释放压力

确保你有渠道宣泄情绪和释放压力。你可以尝试从以下几个方面调整情绪。

身体：照顾好自己的身体，摄入适当的营养；多休息；运动也有利于负面情绪的释放。

心智：写日记，画画，冥想，与大自然亲近都是不错的释放压力的方式。

社交：与朋友的倾诉、谈话或商讨都对宣泄情绪，缓解压力有帮助。

（2）培养成长型思维（growth mindset）

警惕非黑即白的思维，避免"总是""绝不"等绝对化的思维，用成长型思维和发展心态来看待问题。

复原力强的人普遍具备成长型思维。具备成长型思维的人相信自己的能力会在辛苦付出和努力中得到提升。而固定型思维（fixed mindset）的人则认为人的能力是不变的。在遭遇失败时，固定型思维的人把失败定义为自身能力不足，会把自己局限在过去的能力里。而成长型思维的人把失败看成生存体系的反馈。例如，一次考试的失败，成长型思维的人会开始自我评估，包括学习习惯、上课的专心程度，以及能够提升成绩的其他可控因素。固定型思维的人会认为自己不够聪明，进而停止努力，因为他们认为智商已经不会改变，所以没有必要再努力。失败并不代表一辈子失败，挫折也不代表你永远都做不好。

2. 增强自我效能感

增强自我效能感是提升个体韧性和成功应对挑战的重要一环。自我效能感越强，复原力越强。亨施（Doug Hansch）在其著作《心理韧性的力量》中认为，增强自我效能感的最有效方法有以下两点。

第一，发现你的心理优势，并在工作和生活中充分运用它们。心理优势包括你独有的感觉、情绪和行为。研究者发现，使用优势会带来更小的压力、更高的自尊和更高水平的积极情绪。在不同的场合，运用不同的优势，和组合性地运用优势，会提高问题的解决效率。所有这些优势会让我们在逆境中更好地管理自己，并建立这样的内在信念：我有这个能力。

第二，设立合理的目标和期待，在达成后进行自我激励。研究表明，树立更高的目标，并不能让人取得更高的成就。我们在设立目标时需要考虑到在实现过程中可能遇到的困难和不确定因素，并降低对自己的期望值。

具有复原力的人非常擅长实现目标，前提是这些目标符合他们的价值观，他们只会坚持那些能够达成的目标。将大目标分解为小而具体的目标，每天或每周给自己设定小的、可实现的目标，在实现后，给自己一个奖励。这样，自己在逐渐进步的过程中，会不断地强化自我效能感。

3. 寻找意义感

当困难来袭，我们可能会将自己视为受害者："为什么是我？"但是，困苦中蕴含着生机，挫折中蕴藏着启示，我们需要从失败中发现意义，让自己和他人从中受益。

尼采说过："知道为什么而活的人，便能生存。"

支撑人克服眼前困难和继续往前走的，是生活的意义，这些意义包括如何获得爱和给予爱，如何让自己变得更好，如何让世界变得更好。

寻找生活的意义，能让我们将眼光放长远，将生命拉长，看到这些挫折和失败不过是人生长河中的涟漪，从而获得力量和平静。与他人建立更深厚的联系，积极寻求社会支持。

我们不仅要积极社交，还要寻找深层次的联系。与他人分享真实的感受，建立深厚的情感联系，可以在困境时获得更有力的社会支持。社会支持可能来源于家庭成员、伴侣、朋友、同事、团体、组织或社区。

如果你身边有值得信赖的伙伴或可信赖的团体，你所遇到的阻碍、突发事件及灾难就显得没有那么可怕了。

我们并不是生活在真空中，我们都需要爱的互相连接。因此当你正在经历一段艰难的时间时，不要害怕向其他人寻求帮助。

五、成长型思维

（一）思维模式

心理学家发现，人和人之间的差别主要在于思维的差别，思维模式不同，其人生的各个层面和结果也不同。斯坦福大学心理学教授德韦克（Carol Dweck）经过长期的科学研究，在《终身成长》一书中，区分出人类普遍存在两种思维模式：成长型思维和固定型思维。①她也因此荣获了一丹教育研究奖，并获得巨额奖金。获奖理由中这样介绍她：德韦克教授率先提出了"成长型思维"这一崭新的概念，相信智力（intelligence）可以靠后天努力而改变，鼓励孩子积极评估及发展自己的潜能。

作为一名心理学家，德韦克教授从一开始就对孩子如何面对困难和挑战充满兴趣。于是，1978 年，她和同事做了一项实验，找来一群孩子玩拼图，观察他们的行为和情绪反应。拼图开始时很简单，后来变得越来越难。

实验之前，德韦克教授就预料到，孩子面对困难时会有不同的反应。事实也确实如此。伴随着拼图越来越难，有些孩子开始抗议："现在一点都不好玩了！"后来实在受不了了，坚持要"放弃"，甚至直接将拼图推到地上。

但她没预料到的是那些"成功孩子"的表现。当面对特别难的拼图时，一个 10 岁的男孩拉来一张椅子坐下，搓着双手，咂吧嘴巴，然后大喊一声："我喜欢这个挑战！"另一个露出喜悦的表情，然后斩钉截铁地说："你知道吗？我觉得这个拼图会非常有意思。"

为什么两类孩子在面对困难时会有如此大的区别？是由于他们天生、无法改变的生理差异，比如智商（IQ）上的差异吗？不。智商并非根本原因，且智商并非不可改变。

其实，首先会拒绝"智商不可改变"这一观念的，正是 IQ 测验的最初开发者比内（Binet）。他在 20 世纪初期开发 IQ 测验的真实目的是评估巴黎公立学校学生的状况，以设计相应的教育项目帮助他们迎头赶上。所以，他不是否认孩子智力差异的存在，而是相信教育和实践能够带来智商上根本性的变化。

德韦克教授的研究更进一步地发现，这些孩子之间的根本差异在于思维模式，思维模式的差异会导致他们在智商上出现分化。

---

① 德韦克.终身成长 [M].楚祎楠，译.南昌：江西人民出版社，2017.

思维模式，简单地说，是你看待自己的方式。

如果我们认为自己的智力和能力是一成不变的，而整个世界就是由一个个为了考察我们的智商和能力的测试组成的，我们拥有的就是固定型思维。固定型思维的孩子往往害怕失败，担心自己看起来不那么聪明、比较笨，而拒绝接受挑战、面对困难，由此他们的发展潜力会受到限制。

而如果我们认为所有的事情都离不开个人努力，这个世界上充满了那些帮助我们学习、成长的有趣挑战，我们拥有的就是成长型思维。那些成功孩子的思维模式就属于成长型的。他们相信通过自己的努力可以改变智商和能力，相信自己的潜力是未知的，困难和失败只是帮助自己进步的挑战，他们对学习充满热情。

而且当孩子每一次突破自己的"舒适区"去学习新知识、迎接新挑战，大脑中的神经元会形成新的、强有力的联结，长久下去，他们变得越来越聪明。

也就是说，成长型思维不但决定了孩子面对困难和挑战的积极态度，还将通过激发更活跃的大脑活动，提高孩子的智商。

努力，正是这两种思维模式的分界线。努力的孩子，会正面迎接挑战，养成成长型思维；不努力的孩子，则会回避挑战，养成固定型思维。

前者认为只要不断努力，就能接近目标；后者认为，智商决定一切，努力也没有意义。这就是成长型思维和固定型思维的区别。

你属于哪一种思维模式：完美无瑕还是不断进取？

具有固定型思维的人对自己的要求还很多：单单看起来很聪明、有才华是远远不够的，还必须让人看上去就感到自己几近完美。

德韦克教授采访了很多人，包括中学生和已经毕业的青年。她向他们提出了一个相同的问题："你什么时候觉得自己最聪明？"具有固定型思维的人几乎都是这样回答的："当我不犯任何错误的时候""当我以最快的速度完美地完成某件事的时候""某件事对我来说轻而易举，而别人却无从下手的时候"。

总之，这类人就是要立刻给人展现出自身完美的一面。但具有成长型思维的人却给出了另一种回答："对于某件很难的事情，我以前根本没法完成，但经过一番努力我可以做到了的时候"或者"我长期努力解决的难题终于有了眉目的时候"。

对于具有成长型思维的人来说，一时的完美并不代表什么，重要的是不断地学习和成长：直面挑战、不断进取。

思维模式是你人格中重要的一部分，但是并非不能改变。在了解了这两种思维模式后，你就可以开始用新的方式来思考和行动了。经常有人说，他们在受到固定型思维的束缚时，常常因为犯错而停滞不前，并因此错过许多学习机会，感觉被贴上了失败的标签，或者因事情需要付出大量的努力而感到沮丧。当转化为成长型思维以后，他们开始勇敢地接受挑战，从失败中学习，或继续付出努力。

德韦克教授认为很多人身上都带有这两种思维模式的成分。人们甚至在不同的地方会有不同的思维模式。比如，我认为自己具有与生俱来的艺术才能，但我也相信智力是可以提高的。或者，我的个性是不会改变的，但是创造力却可以改变。德韦克教授的研究发现，人们在各个领域具有的思维模式将会主导他们在那个领域的表现。[①]

（二）思维模式如何创造成功

德韦克教授对中学新生进行了思维模式测试：他们认为自己的智商是一种固定的特质还是一种能够提高的特质？在接下来的两年里，她对这些学生进行了跟进研究。中学对许多学生而言都是一个富有挑战的阶段。功课越来越难，评分标准愈加严格，教学方式也不像以前那么生动。这一切发生的同时，学生们还要适应自己不断发育的身心和变化着的角色。学习成绩会有所下降，但每位学生的成绩波动却不尽相同。德韦克教授在研究中发现，只有固定型思维的学生才会在学业上下滑，其表现就是成绩缓慢下降，而且在之后的两年中越来越差。相反，拥有成长型思维的学生在这两年里的成绩则越来越好。

当这两类学生刚进入初中时，他们之前的成绩是相差无几的。因为在小

---

① 德韦克 . 终身成长 [M]. 楚祎楠，译 . 南昌：江西人民出版社，2017.

学相对宽松的学习环境里，他们都能得相同的分数。一旦进入竞争激烈、充满挑战的初中阶段，他们之间的差距就显现出来了。

拥有成长型思维的人就不会受刻板印象的侵蚀，从而影响自身的表现。相反，刻板印象在这种思维面前变得软弱无力，人们也能更好地进行反击。他们不相信永久的自卑。如果自己确实落后于人——那么，他们会更加刻苦，努力追赶。

固定型思维约束了成就的取得。它使人们的头脑充满了干扰想法，它让努力变得惹人厌，它也最终导致低级的学习策略。更可恶的是，它把其他人变成了裁判，而不是盟友。不管我们说的是已经逝世的达尔文还是当代的大学生，重大的成就都需要明确的目标、全身心的付出及变化万千的策略，再加上学习盟友。这些就是成长型思维能够给予人们的。也正因如此，它能够帮助人们培养能力，收获成绩。[①]

（三）改变你的思维模式

1. 拥抱变化

成长型思维是以相信变化为基础的。要改变自己到底难不难呢？到目前为止，它听起来不是太难。你只要学会转化到成长型思维，它就会激励你去应对挑战，鼓励你不屈不挠地坚持下去。但有时候，改变自己可能也会很困难。出于某种原因，人们总是会坚守着固定型思维。在人生的某个时候，固定型思维会满足人们一定的心理需求。它会告诉人们，他们是什么样的人、他们想成为什么样的人及怎样才能成为那样的人。由此，它为你提供了获得"自尊心"的秘方，从那里还可以获得别人的喜爱和尊敬。但问题是，他们想努力成为的全能、强大、优秀、受人喜爱和尊敬的自我，很可能就是一个具有固定型思维的自我。长此以往，人们就会养成这种想通过获得他人的认可来获得自我认可的习惯。

---

① 德韦克. 终身成长 [M]. 楚祎楠，译. 南昌：江西人民出版社，2017.

成长型思维要求人们放弃追求这种自我认同模式。可以想象到，要放弃做了这么多年的"自我"是多么不容易，更何况它带给了你自我认可和尊重。尤其是你要用一种新的思维模式去取代它，而这种思维模式要求你接受一些令你焦虑的、不确定的事情——挑战、奋斗、批评与挫折。

也许当你从固定型思维转变为成长型思维时，会感到强烈的不安，你甚至会担心失去自我。你会觉得固定型思维给了你很多：你的理想、你的优势、你的独特性。也许你还会害怕你变得和其他人一样平凡。但是，接受成长型思维会让你更接近真正的自我。成长型思维让我们把自身的潜能发挥到极致，成就更优秀的自我。

往往在你转变为成长型思维以后，你会发现你之前为自己编织的华丽外衣，其实是你为了让自己感到更安全、更强或更有价值而自制的盔甲。这套盔甲虽然起初可以保护你，但是后来却会渐渐地束缚你的成长，使你陷入自我挫败的战争中，并且阻断你和其他人建立和谐美好的关系。你会惊讶地发现你周围的人也在帮助你、支持你。他们似乎已经不是以前否定你的对手了，而越来越像是和你朝着同一个目标前进的合作者。更有趣的是，你开始逐渐让其他人获得和你一样的转变。

2. 制订计划，迈出第一步

你正处于求职状态，你只向一家大企业递交了简历，因为它是你梦想中的工作。你很自信地认为自己肯定能被录用，因为很多人都觉得你在该领域的表现很优秀，简历特别漂亮。但结果却是你没有被录用。

固定型思维者的反应。起初，你告诉自己竞争非常激烈，所以被拒并不能反映你自身的能力。可能优秀的申请者太多，企业没法全部录取。接着你头脑里出现了一个声音。它告诉你，你这是在自我安慰，给自己找理由。事实是招聘的人力资源主管认为你的经历很平庸。过了一会儿，你告诉自己事情很可能就是这样。你的表现其实很普通，并且他们很显然注意到了这一点。他们下达了判决：你不合格。可是不久你又回到了最初的结论上，因为之前的结论更合理，更能让你接受。在固定型思维里，这就是最后的答案，你也不需要再做什么了。但对成长型思维者而言，这只是第一步。你刚才只是反省了自己而已，现在你要进入学习和自我改进的阶段了。

成长型思维者的反应。想想你的目标是什么，然后再思考一下你怎么可以达成这个目标。你可以采取什么方式让自己取得成功呢？你可以收集到什么信息呢？好吧，也许下一次你可以多申请几个岗位。又或者，与此同时，你会收集关于成功申请到这个岗位的相关信息：他们要招什么样的人？他们更看重申请者的哪些经历？在你提出下次申请前，你可以尽量地去获取这样的经历。

让我们来看看你这个被拒者应该采取怎样的行动吧。首先你听取了一些成长型思维者的意见。几天后，你给企业打了电话，找到了相关人员并向他介绍了自己的情况。你说："我并不是对你们的录用决定不满，我只是想知道，如果我决定今后再应聘贵公司的话，我应该如何准备和改进。如果您能从这些方面给我提出一些意见，我会感激万分。"

没有人会因为这样一个真诚的请求——恳求对方提出好建议的请求而去嘲笑你。几天后，那个人给你回了电话，并通知说你被录用了。公司对你的申请又重新予以了考虑，部门决定他们那年可以多招一个员工。最重要的是，他们被你的进取心和认真的态度打动了。

其实你做出的关键举措就是打电话到企业从而获得更多的信息。但是走出这一步并不容易。

我们经常会计划一些有挑战性的、有难度的事情，但并没有行动。"我明天再做吧！""我发誓第二天一定会完成这件事。"但发誓往往毫无用处。一天天过去了，事情仍然没有做。

可以实施的计划往往是生动而又具体的。想想你需要做的事情、你想学的东西或者你必须面对的一个问题是什么，然后制订一个具体的实施计划。你什么时候能够从头到尾实施你的计划？你打算在哪里实施？怎样实施？仔细考虑好细节。

这些具体的计划——你可以把它在头脑中具象化，包括实施计划的具体时间、地点和步骤。这样的计划才会有后续的发展并且使成功的概率提高。

因此，不仅要制订具有成长型思维的计划，而且要以细化的方式确定好要怎样实施它。

3. 毅力不是天生的

我们经常会想控制和改掉一些自己的缺点，如想减肥或者控制好自己不要乱发脾气。

固定型思维者往往觉得：如果我有坚强的意志力，我就可以成功；我意志力薄弱，那么我注定会失败。通常这么想的人可能下定了决心要去做某件事，可最后却没有采取什么措施达成愿望。最后，这些人往往对自己说："放弃吧，放弃很容易。我没有毅力。"

朋友小强参加高中毕业25周年的同学聚会后受打击了。他的初恋女友见到他时竟然没认出他，还说出了"你怎么变得这么胖了"。他觉得自尊心受挫，便下决心减肥。高中时，他可是一个英俊潇洒的万人迷，现在变成了肥胖的中年男人。

小强以前也一直爱拿女孩们减肥开玩笑。他总是想：她们可真是大惊小怪，只要有点自控能力就足够了。为了减肥，小强决定只吃半碗饭，可是每次都忍不住吃完一碗。然后又内疚自己吃多了，带着挫败感的他一边说着，一边又点了些甜点。他心想：我还是让自己的情绪好起来再考虑减肥的事情。我建议他好好规划一下自己的减肥。小强没有听。他采取了高强度应急减肥法，让自己不吃晚餐，可是不久后，体重比减肥前还增加了不少。他说："算了，我就是个天生没有毅力的人，注定会失败。"

我们千万不能学小强，记住：毅力不是天生就有或者没有的东西。它需要培养。

我们可以选择用成长型思维来对待行为改变。首先要明白，要成功就必须学习和运用一些对我们来说有效的策略。

具有成长型思维的人不仅仅是做出"决心"，等着看自己能否坚持下去。我们要明白，减肥需要的是一份详细的计划，如家里不要买零食，提前考虑吃些什么；适当奖励自己可以不用节食；每周运动两三次。还要学会面对挫折，比如，一些突发事件导致减肥计划失败，不要内疚，可以尝试着改变计划，调整目标。

当我们不再以固定型思维中的好坏两种标准去评判自己的时候，我们会更好地学会一些有助于自我控制的技巧。在成长型思维者的世界里，毅力不是天生的，犯错也是很正常的事情，失败不是灭顶之灾。它会提醒你，你还需要完善自己，并暗示你下一次要做得更好。

☀ 幸福实践

....

心理学实验

成长型思维实验

为了研究思维模式不同给孩子们带来的改变，德韦克和她的团队花了10年时间，对组约20所学校，400名五年级学生，以及成千上万的学龄前儿童，做了长期的研究，得到了一项震惊学术界的结果。[①]

在揭开实验结果之前，先来看看德韦克的实验过程。这场持续10年、覆盖成千上万孩子的研究，分为4轮实验。

第一轮实验

德韦克把孩子随机分为两组，给他们准备了10个非常简单的智力拼图游戏。完成测试后，研究人员把分数告诉孩子，并且会附加一句鼓励或表扬的话。

A组孩子得到的评语是：哇，你拼对了8个拼图，你一定很聪明。

B组孩子得到的评语是：哇，你拼对了8个拼图，你一定非常努力地尝试过，所以表现得很出色。

在实验开始前，德韦克就意识到，孩子对鼓励或表扬是非常敏感的，直觉告诉她，只要一句话就能看到效果。第一轮实验就证明了德韦克的直觉是正确的：只是简单一句不同的夸奖方式（一组表扬智商、一组鼓励努力），基本已经影响了后面三轮实验的不同结果。

第二轮实验

德韦克准备了10个同样简单的智力拼图游戏，和10个复杂一点的拼图游戏，让两组孩子自由选择拼图难度，并完成拼图。

在上一轮中，被称赞智力的A组孩子，大部分选择了简单的拼图；被称赞努力的B组孩子，90%选择了更有挑战性的任务。

[①] 德韦克.终身成长[M].楚祎楠，译.南昌：江西人民出版社，2017.

德韦克在实验结论中总结：当我们夸孩子聪明时，等于是在告诉他们，为了保持聪明，不要冒可能犯错的险。因此，即便是4岁的孩子，也会避免出丑的风险，选择更简单的拼图。

第三轮实验

德韦克故意提高测试等级，把智力拼图的难度提升到了初中生的水平。可想而知，两组孩子都失败了。

当被问起失败的原因时，A组孩子认为，失败是因为他们不够聪明。B组孩子认为，失败是因为他们不够努力。

有趣的是，在测试的过程中，A组孩子一直很紧张，抓耳挠腮，做不出题就觉得很沮丧。而B组孩子在测试中非常投入，并努力用各种方法来解决问题。

第四轮实验

在最后这次测试中，德韦克又把测试换成了最开始那种简单的拼图，但是这一次，结果却发生了很大的不同。

A组孩子的分数，和第一次相比，退步了大概20%，B组孩子的分数，和第一次相比，提高了30%左右。

在纽约市中心的20所学校中，在成千上万的学龄前儿童中，德韦克和她的团队多次重复了这个实验，结果都是惊人的相似——无论有怎样的家庭，只要是被夸奖智力的孩子，为了保住自己的聪明，他们大多不愿再接受挑战，不愿学习新知识。

男孩女孩都一样，尤其是成绩好的女孩，在失败后遭遇的打击更大，即便是4岁的小孩子，也会因为不正确的表扬，变得输不起；而被鼓励努力的孩子，大多更愿意接受新挑战，学习新知识。

德韦克在后续研究中，发现了更惊人的事实：被称赞智力的孩子，为了取得好成绩，甚至会在测试中选择作弊和撒谎。

在实验的最后环节，当研究人员要求参与测试的孩子，匿名写下自己被测试的经历和得到的分数时，被称赞智力的孩子中，有40%的孩子选择撒谎，谎称自己获得了很高的分数，而被称赞努力的孩子中，则基本没有发现这种行为。

这项研究，被称为成长型思维实验。

从纽约市中心到艾奥瓦州的许多学校和幼儿园，多次重复了这项试验后，德韦克发现，大概有 40% 的孩子是固定型思维，40% 是成长型思维，还有 20% 的孩子，思维方式介于两者之间。

思维模式是可以改变的吗？

为了回答这个问题，德韦克又在一项针对 100 名七年级学生的实验中，研究了不同思维模式和成绩之间的关系。

在实验中，德韦克把孩子分为两组，A 组孩子接受八项常规教育，B 组孩子除了接受六项常规教育外，还要接受两项成长型思维的课程及应用。

另外，德韦克还告诉 B 组孩子："你的智力还可以增长。有研究表明，大脑可以像肌肉一样得到发育。因此，你锻炼大脑的次数越多，你的大脑越强，就变得越聪明。"

实验结果再一次惊动了美国学术界——当 B 组孩子相信自己的智力是可以继续增长时，他们开始对学习表现出更强烈的兴趣，开始频繁参加研讨会，数学成绩也显著提升。

而没有接受成长型思维教育的 A 组孩子，他们的成绩持续下降，也没有将学习到的技巧付诸实践的动力。

测一测

你是成长型思维还是固定型思维？

成长型思维属于自我理论（self-theories）中对于能力的信念。成长型思维量表（Growth Mindset Scale，GMS）由德韦克在 2006 年编制，广泛应用于个体对自身智力可变性的评价，是成长型思维领域最具有代表性的自评工具之一。①

下面有一些问题，请选出你在多大的程度上同意或者不同意这些情况，请按照自己的真实情况填写。另，请注意数字代表的意义。

题目	非常同意	同意	不同意	非常不同意
1. 你的智力对你来说是非常基本的，同时无法有太多改变的东西	0	1	2	3
2. 不管你的智力有多高，你总是能改变它一点	3	2	1	0
3. 你总是能够在很大程度上改变你的智慧	3	2	1	0
4. 你是一种特定类型的人，想要真的改变这一点能做的事情很少	0	1	2	3
5. 你是某种特定类型的人，你总是能够改变一些基本的东西	3	2	1	0
6. 音乐的才能是任何人都可以通过学习而获得的	3	2	1	0
7. 只有少数人真正擅长体育，这个天赋是生来如此的	0	1	2	3
8. 如果你是男孩子，或者如果来自一个重视数学的家庭，那么数学的学习会更加容易	0	1	2	3
9. 你在某个方面越努力，那么你就会越擅长这个领域	3	2	1	0
10. 不管你是哪种类型的人，你都总是能够在很大程度上改变	3	2	1	0
11. 对我而言尝试新鲜事物很有压力，而我也尽力去避免尝试新鲜事物	0	1	2	3
12. 有一些人很好很友善，有一些人并不如此，人通常是不怎么会改变的	0	1	2	3
13. 当我的父母、老师对我的表现给予反馈的时候，我会对他们很感谢	3	2	1	0
14. 当我收到对我的表现的反馈的时候，我通常会很生气	0	1	2	3
15. 所有大脑没有受过伤的，以及没有生理缺陷的人都具有相同的学习量	3	2	1	0
16. 你能学习新的知识，但是你不能真的改变你的智慧	0	1	2	3
17. 你能够用不同的方法来处理事情，但是关于你是谁的重要部分却不能够被真正地改变	0	1	2	3

---

① 彭凯平，孙沛，倪士光. 中国积极心理测评手册 [M]. 北京：清华大学出版社，2022.

题目	非常同意	同意	不同意	非常 不同意
18.人们基本上都是善良的，但有时会做出糟糕的决定	3	2	1	0
19.我完成我学业任务的重要原因是我喜欢学习新的事物	3	2	1	0
20.真正聪明的人，并不需要努力	0	1	2	3

计分：其中第 1、4、7、8、11、12、14、16、17、20 题为反向计分，其他项目均为正向计分。将测量指标加计总分，得分越高，表明个体更倾向于认为能力是可以成长和可塑的。

练一练

一扇门关闭，另一扇门打开 [①]

丘吉尔曾说过："悲观的人从机会中看到困难；乐观的人从困难中看到机会。"你是悲观主义者还是乐观主义者？乐观包括对未来和现在的积极情绪。乐观的人能从坏事中看到好的一面。乐观并不会使人愚蠢或天真。事实上，乐观是一项艰巨的工作，正如下面所描述的，你是否在比如失去工作或恋人时，打开另一扇窗？

第一步

写下你打开门和关闭门的经历。你是立刻看到门打开了，还是花了段时间？你来自一扇门被关上的失望、悲伤、痛苦或其他负面情绪是否导致你更难找到一扇敞开的门？在未来，你能做些什么来更容易地找到那扇敞开的门？

想想有三扇门对你关上了。还有什么其他的门打开了？试着完成以下问题。

（1）曾经对我关闭的最重要的一扇门是？打开的那扇门是？

（2）一扇因运气不好或错失机会而关闭的门是？打开的那扇门是？

---

① 拉希德，塞利格曼.积极心理学治疗手册 [M].邓之君，译.北京：中信出版社，2020.

（3）一扇因失去、拒绝或死亡而向我关闭的门是？打开的那扇门是？

第二步

在这一步中，你将探索如何向自己解释这扇门关闭的原因。从第一步中的三个事例中选择一个，并从选项提供的数字中选择一个最能代表你对关闭和打开的门的判断（1—7评分，1=最不符合，7=最符合）。

那扇关着的门是_____。

1. 这扇门关闭主要是因为我。 （　）

2. 这扇门关闭主要是因为其他人或环境。 （　）

3. 这扇或类似的门将永远关闭。 （　）

4. 这扇门暂时关闭了。 （　）

5. 这扇关闭的门会毁掉我生活中的一切。 （　）

6. 这扇门只影响了我生活的某一方面。 （　）

如果你在第1、3、5项上得分高（12或更高），这表明你对关闭的门（挫折、失败和逆境）的解释是个人化的（主要是由于你），是永久性的（不会改变），是泛化的（一扇关闭的门将关闭生活中的许多其他事情）。

如果你在第2、4、6项上得分很高，这表明你对关闭的门的解释不是个人化的，是暂时的、局部的（不会影响你生活的所有领域）。

根据塞利格曼的归因理论，这些解释与消极经历后的适应性功能有关。

完成这个练习后，请反思以下问题。

当人们认为自己应该对挫折负全责，并认为他们的生活中充满厄运和阴郁而且会永远持续下去时，他们就容易患上抑郁症和其他心理问题。你如何向自己解释失败的原因？

挫折的影响是什么？关于你的快乐和幸福，消极和积极的方面各是什么？这种影响是全面的和长期的吗？

这种影响给你带来了积极的影响吗？是什么？

"一扇门关闭，另一扇门打开"的练习在哪些方面增强了你的灵活性和适应性？

你认为刻意关注光明的一面（打开的门）可能会鼓励你最小化或忽视你需要面对的艰难现实吗？

是什么导致了"一扇门关闭"，又是什么帮助你打开了"另一扇门"？对你来说，能够看到一扇门打开了，哪怕只是一条裂缝，是容易还是困难？

现在关着的门对你意味着什么？

你还有进一步成长的空间吗？这种成长是什么样的？

回想一两个帮你开门的人，或者帮你扶住门让你进去的人。

你是希望那扇关闭的门被打开，还是暂时忽视它？

第六章　积极人际关系：学会正向沟通

一个人事业上的成功，只有 15% 是由于他的专业技术，另外的 85% 要依赖人际关系、处世技巧。成功的人际关系在于你能捕捉对方观点的能力；还有，看一件事须兼顾你和对方的不同角度。

——卡耐基

讨好的小强

小强，东部某大学学生，来自西部某省，家庭经济条件较差，学习刻苦，为人踏实，因寝室人际关系来到咨询室。自述刚入学时，跟舍友相处很好，因为他很想赢得良好的人际关系，所以在宿舍中，他总是积极表现。例如，每天都抢着打扫宿舍卫生，帮舍友打水带饭，舍友有什么需要帮忙的事情，他总是积极帮忙。慢慢地，他开始觉得心里不平衡了，因为打扫卫生、打水、买饭这些事情都落到他头上了，虽然心里不高兴，但怕影响大家关系，从来没表露出来过。舍友们还是习惯了他的付出，直到有一天，舍友 A 把外卖盒子随手扔到地上，放着音乐打游戏，他终于忍不住开口骂人，舍友 A 觉得莫名其妙，怎么突然骂自己？两人冲动地动起了手，直到舍友 B 通知辅导员老师过去。

亚里士多德说过："能独自生活的人，不是野兽，就是上帝。"他将人称为"社会性动物"，人离开了社会是不能独立存在的。心理学家马斯洛发现，心理健康水平高的"自我实现者"，都可以很好地接纳别人，同别人的关系也比一般人要深刻，他们对别人有更强烈、更深刻的友谊和更崇高的爱。积极的人际关系有利于人们的身心健康。一个人如果身处在相互关心爱护、关系密切融洽的人际关系中，自然能够心情舒畅。反之，不良的人际关系则会干扰人的情绪，使人焦虑、不安和抑郁。学生同样需要良好的人际（父母、老师、同学）关系，身处良好的亲子、师生及同学关系中，能够助力健康情商的成长，分享快乐、共担忧愁，促进小我成长为大我。

但是，也有很多人因为不会与他人沟通，不能建立起积极关系。那么，你了解自己的人际关系吗？是什么影响了我们的人际关系？怎样才能营建良好的人际关系？

一、人际沟通的发展

人际关系是人们在人际交往过程中所结成的心理关系。人际关系构成了我们生活的基础，影响我们的心理健康和主观幸福感。

人际关系是怎么发展起来的呢？

莱文格（George Levinger）和斯诺克（Jan Snoek）提出相互依赖模型（model of interdependence）来说明关系变化特点。[1] 图 6-1 是他们对人际关系的各种状态及其相互作用水平的递增关系做的直观描述。人际关系的双方用圆圈表示，人际关系的发展水平用共同心理领域和情感融合程度来描述。人际关系的发展过程，从双方没有意识到对方存在的零接触状态开始，到知晓、表面接触，再到共同心理领域的发现和情感融合的不同程度。表面接触才是人际关系的开始，随着交往的深入和扩展，双方之间的认同、接受和信任程度提高，情感融合程度也逐渐加深。根据情感融合程度，人际关系可分为轻度卷入、中度卷入和高度卷入三种状态。在现实生活中，只有少数人能达到高度卷入的状态。

图解	人际关系状态	相互作用水平
○ ○	零接触	低
○→○ ○←○	单向注意 双向注意	
○○	表面接触	
◐○	轻度卷入	
◐◐	中度卷入	
◑◐	高度卷入	高

图 6-1　人际关系状态及其相互作用水平

---

[1]　全国 13 所高等院校《社会心理学》编写组. 社会心理学 [M]. 天津：南开大学出版社，2016.

奥尔特曼（Irwin Altman）和泰勒（Dalmas Taylor）认为良好的人际关系的建立和发展，从交往由浅入深的角度来看，一般会经过定向、情感探索、情感交流和稳定交往四个阶段。[①]

定向阶段。人们开始选择交往对象，并初步形成交往的意愿。这个阶段涉及对交往对象的注意、抉择和初步沟通等多方面的心理活动。

情感探索阶段。人们开始探索彼此在哪些方面可以建立信任和真实的情感联系，而不是仅仅停留在一般的正式交往模式上。

情感交流阶段。人们在交往中开始更深入地分享彼此的情感和经验，建立起比较亲密的关系。

稳定交往阶段。人们已经建立了比较稳定的人际关系，并能够保持长期的稳定交往。

值得注意的是，这四个阶段并不是线性的，也就是说，人们可能不会按照固定的顺序经历这些阶段。此外，每个阶段都有其特定的特征和挑战。理解这些阶段可以帮助人们更好地理解自己和他人的交往过程，并更好地处理人际关系问题。

二、是什么影响了我们的人际关系？

（一）第一印象最重要吗？

日常生活中，我们经常会遇到这种现象，如在第一次约会、面试时，我们总会听到这样的忠告："打扮得漂亮一点，第一次见面要给人留下美好的第一印象。"那么，什么是第一印象？第一印象重要吗？

社会心理学家提出了"首因效应"，是指人们初次交往时，对各自交往对象的知觉观察和归因判断。在这种交往情境下，对他人所形成的印象又被称为第一印象或最初印象。美国社会心理学家洛钦斯（Abraham Luchins）对首

---

① 全国 13 所高等院校《社会心理学》编写组 . 社会心理学 [M]. 天津：南开大学出版社，2016.

因效应进行经典实验，他编了两段关于名叫吉姆的学生生活片段的文字作为实验材料。① 这两段文字描写的情景是相反的，一段内容把吉姆描写成一个热情并外向的人；另一段内容则相反，把他写成一个冷淡而内向的人。

"吉姆走出家门去文具店，他和他的两个朋友一起走在充满阳光的马路上，他们一边走一边晒太阳。吉姆走进一家文具店，店里挤满了人，他一边等待着店员对他的注意，一边和一个熟人聊天。他买好文具在向外走的途中遇到了朋友，就停下来和朋友打招呼，后来告别了朋友就走向学校。在路上他又遇到了一个前天晚上刚认识的女孩子，他们说了几句话后就分手了。"

"放学后，吉姆独自离开教室出了校门，他走在回家的路上，阳光非常耀眼，吉姆走在马路阴凉的一边，他看见路上迎面而来的是前天晚上遇到的那个漂亮女孩。吉姆穿过马路进了一家饮食店，店里挤满了学生，他注意到有几张熟悉的面孔，吉姆安静地等待着，直到引起柜台上服务员的注意之后才买了饮料，他坐在一张靠墙边的椅子上喝饮料，喝完之后他就回家去了。"

洛钦斯以不同的组合法将两段材料念给两组被试听，然后要求被试回答对吉姆的印象。结果：先听上段，后听下段，78%的被试认为吉姆是一个外向的人；先听下段，后听上段，却只有18%的被试认为吉姆是一个外向的人。也就是说，有82%的人认为吉姆是一个内向的人。在这里，两组被试听到的材料是相同的，不同的只是"顺序"。

可见，人际交往过程中第一印象是非常重要的。那么，它是最重要的吗？如果没有给人留下好的第一印象，还有补救的机会吗？心理学家也研究了与"首因效应"相对应的"近因效应"，是指最后印象对个体以后的认知具有强烈的影响。

接着上面的实验，后来，洛钦斯改变了实验的程序：在念完上段材料之后，让被试解数学题，然后再念下段材料，接着让被试说出对吉姆的印象。结果，多数人说吉姆是内向的人。先念下段材料，之后让被试解数学题，然后再念上段材料，接着让被试说出对吉姆的印象。结果，多数人说吉姆是外

---

① 崔丽娟，才源源. 社会心理学 [M]. 上海：华东师范大学出版社，2008.

向的人。

你肯定会觉得纳闷："近因效应和首因效应岂不是矛盾吗？"其实，不矛盾，它是一个问题的两个方面。人们在相识、交往的过程中，第一印象固然很重要，而最后、最近的印象也很重要。一般说来，在对陌生人的认知过程中，首因效应比较明显；在对熟人或对久违的人的认知中，近因效应所起的作用则更为明显。近因效应所形成的最新印象，是对首因效应所形成的第一印象的补充或修正，所以，没有留下好的第一印象，也是可以通过长期接触，留下好的新近印象来弥补的。

（二）别让印象欺骗了你

老师通常会喜欢学习成绩好的学生，他们往往认为这个学生学习努力、认真，天资聪明，将来必定会有出息；对于学习成绩不好的学生，他们往往认为这些学生贪玩、不努力，天资不聪明。为什么会发生这种现象呢？心理学家桑戴克（Edward Thorndike）于20世纪20年代提出了晕轮效应，指当认识者对一个人的某种人格特征形成好坏的印象之后，人们还倾向于据此推论该人其他方面的特征。这就好像刮风天气前夜月亮周围出现的圆环（月晕），不过是月亮光的扩大化而已，故称"晕轮效应"，也称作"光环作用"。[①]

美国心理学家凯利（Harold Kelley）在麻省理工学院进行了一项实验。他选了两个班级，分别告知他们一位研究生将代课，并给出了关于这位研究生的描述。对其中一个班级，凯利描述这位研究生为热情、勤奋、务实和果断。对另一个班级，除了把"热情"换成"冷漠"外，其他描述都相同。学生们并未意识到这两个描述间的微妙差异。课程结束后，被描述为"热情"的班级与研究生关系融洽，交流亲密；而被描述为"冷漠"的班级则与研究生保持距离，态度冷淡。由此可见，描述中的细微差别可以显著影响人们对某人的整体印象。学生们根据这些描述给研究生贴上了不同的标签，形成了不同的晕轮效应。

---

① 崔丽娟，才源源. 社会心理学 [M]. 上海：华东师范大学出版社，2008.

晕轮效应影响我们的人际交往，一方面，它可以使你在人际交往中，获得对方的好感；另一方面，也会让你失去一些客观准确的判断。它最大的弊端就在于以偏概全，如"爱屋及乌""一好百好"，影响对人的正确认知。

（三）朋友就在你身边——接近性原则

想想你最要好的朋友是在什么情况下认识的？你们刚开始经常在一起聊天，他（她）们可能是你的同座、邻居……总之他（她）们是你身边离你很近的人。在人与人的交往中，凡是地理位置相对较近者，自然容易激发人际交互关系，空间上距离较近的个体，相互接触的机会较多，能够增进彼此的了解，所以他们在人际交往中容易成为知己，交往初期更是如此。

心理学家做过一项有趣的研究，他们在大学的教室里安排一些女助手，她们在上课前会走进教室并安静地坐在第一排，让每个人都能看到她们，她们不会与教师和同学进行任何交流。每个女助手出现在课堂上的频率是不同的，从 0 次到 15 次。到学期末，研究者播放这些女助手的幻灯片请班级同学观看，要求学生对这些女性的吸引力做出评价。结果是尽管在课堂上没有与其他学生发生过互动，学生们更喜欢他们在课堂上看到次数多的女性。研究者把这种暴露在某一刺激下越多，越可能对其产生好感的现象称为"曝光效应"（mere exposure effect）。这表明，与陌生人交往的早期阶段，接近性是增进人际关系的重要因素，正如俗话所说"远亲不如近邻"，但是，时空距离这个因素的影响随着时间的推移，其发挥的作用将越来越小，尤其是当双方关系紧张时，空间因素越近，人际关系反而越差。

（四）惺惺相惜——相似性原则

"物以类聚，人以群分。"志趣是导致人际吸引，结成良好人际关系的重要因素。社会心理学家纽科姆（Theodore Newcomb）于 1961 年做过一个实验。他选择了 17 个互不相识的大学生作为研究对象，并为他们提供 16 周的免费住宿。在实验开始之前，他对这些被试进行了态度、价值观和个性等特征方面的测试，并根据测试结果将相似和不相似的大学生安排在同一间房间里居住。随后，他定期对这些大学生进行态度和看法的测验，并要求他们评定同房室友。实验结果表明，在住宿初期，空间距离是影响彼此交往的主要因素。然而，随着时间的推移，彼此间态度、价值观和个性特征的相似性变得越来越重要，逐渐超过了空间距离的影响。这些相似性成为建立密切人际关系的基础。在研究的最后阶段，纽科姆让这些大学生自由选择房间。结果发现，具有相同意见和态度的大学生更倾向于选择住在同一房间。这一发现进一步证实了相似性在人际关系中的重要作用。①

人们都乐于同与自己相似的人进行交往，建立和发展良好的人际关系。因为，交往双方在诸多方面的相似性，会使彼此在交往过程中对所交流的信息和共同接收的信息有相同或相似的理解，有相同的情绪体验，使彼此的思想、情感和行为得到强化，从而产生情感共鸣，导致相互吸引。政治见解、经济观点的相似性，以及在绘画、音乐、电影等方面兴趣爱好的相似性，都会使双方感到欣悦，尤其是在事关切身利益的重要问题上。观点、意见和态度的趋同，即不仅自己的想法得到了赞同，自尊心也得到了满足，进而欣赏对方，使友谊加深。相反，观点、意见、态度不一致，不仅使双方因认识不一致而冷落交往，而且一旦遇到矛盾，容易在情感上出现隔阂。

（五）反向吸引——互补性原则

在日常生活中我们经常可以看到这样的现象：脾气暴躁的人与温和而有耐心的人能友好相处；活泼健谈的人和沉默寡言的人能成为要好的朋友，甚至发展成终生的伴侣。这种互补性吸引是最强的人际吸引力，这是现实社会中最普遍、最基本的人际吸引模式。心理学家对气质相同与不同的人合作的效果进行了对比研究。结果发现，两个强气质的学生组成的学习小组常常因为对一些问题各执己见而影响团结；两个弱气质的学生在一起又常常缺乏主见，不知所措。只有气质不同的学生组成的小组，相互之间最融洽，学习效果也最

---

① 崔丽娟，才源源.社会心理学 [M].上海：华东师范大学出版社，2008.

显著。①

（六）日久生情——熟悉性原则

熟悉性是增进人际关系的又一因素。扎琼克（Robert Zajonc）进行了一系列研究，结果显示，熟悉某样东西会增加对该东西的喜爱程度。他以无意义音节和汉字为素材，以词汇出现的次数为自变量。一些词只出现一次，让被试感到生疏；而另一些词则出现多次，最多可达 25 次。然后，实验者要求被试猜测这些无意义音节的含义。结果表明，被试对出现次数多、变得熟悉的词有好感，更倾向于给这些词赋予褒义。扎琼克以人的照片为素材也得到了同样的结果。一个人照片出现的次数越多，被试对其越熟悉，也就越喜欢照片上的人。②

熟悉性为什么会带来人际吸引呢？一是因为多次接触会提高再认知，这对喜欢上某人是大有帮助的。二是因为当人们变得越来越熟悉彼此时，也会更能预测对方的行为，知道他（她）们习惯于怎么做，这样当然我们也会很舒服地与他（她）们相处。

（七）完美的人一定最受欢迎吗——犯错误效应

那些能力强、出类拔萃，甚至是近乎完美的人最受欢迎吗？心理学家设置了两种情境让被试听录音带。一种情境里面的人被描述为能力极强，问了他一系列问题，他回答对了 92%，在面谈中，他说他在大学期间是一个出色的学生，是学报的编辑，是一个摄影队的队员。另一种情境里面的人被描述得与第一个不同，他仅仅答对了 30% 的问题，他在大学中的成绩一般，他尽力加入摄影队，但是没有成功。两种情境中各有一半的被试在将近结束时听到录音机里传出脚步声，并听到里面的人说："我把咖啡打翻了，洒满了我的新套装。"而另一半没有发生这种笨拙的行为。结果显示能力高的人发生笨拙

---

① 崔丽娟，才源源 . 社会心理学 [M]. 上海：华东师范大学出版社，2008.

② 崔丽娟，才源源 . 社会心理学 [M]. 上海：华东师范大学出版社，2008.

行为后，他们的吸引力增加，而能力低的人发生笨拙的行为后，吸引力显著降低。

阿伦森等人的实验结果还表明：不管犯没犯错误，聪明能干的人比愚蠢无知的人招人喜欢。能力高的人犯点小错误会更招人喜欢；能力低的人再犯错误会更使人不喜欢，这种现象叫犯错误效应。①

（八）我们会以貌取人吗——外貌

亚里士多德说过："美丽是比任何介绍信更为巨大的推荐书。"人的外貌、气质、风度等因素会诱发出较强的吸引力，对于初次相识的异性来说尤其如此。外貌是给人第一印象的最直观的因素，透过相貌和仪表容易让人联想到其他的方面，如品德、修养等。比如某人的长相漂亮，就容易使人以为他（她）还具有其他一系列好的优点和美德，如心地善良、品德高尚、性格良好等。事实上，相貌美与心灵美并不存在必然的联系，这样的反应可能失之偏颇，但却难以避免。

许多研究也证明了这一点：在学业成绩相同的情况下，教师评价漂亮的孩子比不漂亮的孩子更聪明、更受欢迎。学生在给一位女教师打分时，化妆美丽的女老师较不加粉饰的女老师得到了更高的分数，她们被认为讲课有趣，是好老师。国外有人研究了网络约会中异性外貌吸引的情况，发现对方外貌吸引力和第二次是否与之约会的相关系数为89%；也有研究发现外貌吸引与再次约会的相关系数为69%。男性比女性更易受到对方外貌的诱发而产生吸引。正因为这个缘故，女性比男性更重视自己的容貌。

（九）别人是你的镜子——相互性原则

如果我们对别人报以友善，我们得到的也将是微笑。这就是人际吸引的相互性原则——喜欢别人的人也会赢得别人的喜欢。

心理学家阿让森（Elliot Aronson）等曾以实验证明过人际吸引的相互性。

---

① 崔丽娟，才源源 . 社会心理学 [M]. 上海：华东师范大学出版社，2008.

在实验中，他们让被试与两个实验助手合作完成一些工作。但被试并不知道与自己交往的是实验助手，他们把实验助手也当成了和自己一样来参加实验的被试——这是研究者有意安排的。在第一次合作后，研究者给他们一段休息的时间。在休息时，研究者设法使被试很"偶然"地听到了两个实验助手和研究者的谈话。在谈话中，两个实验助手都谈到了对被试的印象。其中第一个实验助手用相当奉承的语气，一开始就说他喜欢被试；而第二个实验助手则对被试持批评的态度，这一实验助手说他不能肯定自己是否喜欢被试，并对被试做出了否定的描述。休息时间过后，两个实验助手又回到实验室和被试继续合作。等第二次合作结束后，研究者请被试对与自己合作的两个实验助手进行评价，并回答自己在多大程度上喜欢与自己合作的两个伙伴，即两个实验助手。实验的结果是：被试对实验助手的评价与实验助手对他的评价是相关联的，因为第一个实验助手喜欢被试，因而被试也喜欢第一个实验助手；第二个实验助手因为表示不喜欢被试，因而被试也不喜欢第二个实验助手。实验证实了人际吸引的相互性原则，即如果关于某人的全部信息资料说明他喜欢我们，就可以预料我们也会喜欢他；如果关于某人的全部信息资料都说明他不喜欢我们，那就可以预料我们也不会喜欢他。[①]

在人际交往中，我们要懂得宽容，懂得去包涵别人、宽容别人、尊重别人，从而赢得别人的尊重与真诚对待，赢得良好的人际关系。

三、建立积极人际关系

（一）拥有彼此成就的深度关系

布拉德福德（David Bradford）和罗宾（Carde Robin）在《深度关系：从建立信任到彼此成就》中讲到一种特殊的人际关系，即深度关系。在这种关系里，人们觉得真实的自己被看见、被了解、被欣赏了，而不必做任何伪装或

---

① 崔丽娟，才源源. 社会心理学 [M]. 上海：华东师范大学出版社，2008.

掩饰。关系是一个连续体。在这个连续体的一端，你在与人接触的时候，感觉不到任何真实的联结；在另一端，你能感到被了解、被支持、被认可、被完全地接纳。在这个连续体的中间，你对许多人会感到有些依恋，并想要与他们建立更亲密的联结。[①]问题是，该怎么做呢？你怎样才能改变一段关系在这个连续体中的位置呢？书中讲到深度关系是可以养成的。这种关系有以下六个特征。

· 你和对方都可以更充分地展现真实的自我。
· 你们两人都愿意袒露脆弱的一面。
· 你们相信自我表露的信息不会被用来对付自己。
· 你们可以坦诚相待。
· 你们可以用建设性的方式解决冲突。
· 你们都愿意为对方的成长与发展付出。

前三个特征以"自我表露"为中心。很多时候，我们会因为害怕别人对我们的评价不好而掩饰自己将要透露的信息。社交媒体创造的世界，迫使我们用积极的表象掩饰一切事物。可能你朋友圈中的照片显示你正站在金字塔前微笑，但实际上，那次旅行糟透了。维持这种虚假的表象让人很疲惫。掩饰和伪装自己，不仅会让你失去真诚的能力，还会让别人也做出掩饰。不是说，你要把所有事情都告诉一个人，但是，你的确需要与对方分享你的一部分。你要分享的这一部分，对那段特定的关系是重要的。而且，你所分享的内容应该是完全真实、真诚的你，而不是一个被微笑的假期照片或欢快的节日问候所掩饰的你。

后三个特征与反馈和冲突有关。事实上，挑战一个人，可以是支持他的一种有力方式，然而很少有人相信自己能很好地做到这一点。如果与你有着

---

① 布拉德福德，罗宾.深度关系：从建立信任到彼此成就 [M].姜帆，译.北京：机械工业出版社，2023.

深度关系的人指出，你做了某些让他们感到困扰的事情，那么你应该知道，这是一个学习的机会，而不需要为自己辩解。他们知道，通过帮助你理解自己行为的影响，他们表达了对这段关系的重视，也表达了帮助你成长的意愿。即使在最好的关系里也会发生争吵。然而，对冲突的畏惧可能会让你们回避矛盾。实际上，如果你们能把这些矛盾提出来，并予以圆满的解决，就可以加深你们的关系。闭口不谈的冲突依然会造成伤害。在一段深度关系里，最好把问题提出并解决掉，这样问题就不会隐藏起来，造成长期的伤害。你应该把这种挑战看作学习的机会，这样的机会能减少相同困境在未来再次出现的可能性。

深度关系不是关系的最终状态，因为关系总是可以发展得更深。相反，我们可以把深度关系看成有生命的、会呼吸的有机体，这些有机体总在不断地变化，总是不断地需要我们的照料，而且总能给我们惊喜。

谈到建立更有意义的关系所需要付出的努力。对于一个人，如果你心里怀有安全和诚实的感觉，你们的关系就有无限的成长机会。当你和另一个人的互动达到最真诚的状态时，关系就会发生根本性的转变。

（二）自我一致性沟通

家庭治疗创始人、国际著名心理治疗师萨提亚（Virginia Satir）提出了沟通三要素——自我、他人、情境。她认为沟通发生在人与人或人与群体之间，即自我与他人。不同的环境、事情和我们的内在心理状态，即为情境。我们并非生来就会沟通，沟通是学来的，而且多半还是模仿他人的结果，我们主要是从原生家庭父母身上学习如何沟通，然后变成我们习惯的模式。通常我们在压力状态下的沟通有以下四种模式：讨好、指责、超理智、打岔。

讨好型的人容易忽略自己的感受，常常从他人的角度思考，自我价值感较低；指责型的人则常常忽略他人的感受，习惯于站在自己的角度思考，容易攻击和批判他人，将责任推给他人；超理智型的人过于客观，只关心事情是否符合规定和正确性，避免与个人或情绪相关的话题；打岔型的人则经常转移话题来分散注意力，无法专注于一件事，避开个人或情绪的话题，讲笑话或打断话题，表达不清或不愿意真正面对问题（见表 6-1）。

表 6-1　不同沟通模式的特点

类型	讨好型	指责型	超理智型	打岔型
重视	服务他人	施展权力	表现聪明	随机应变
碰伤别人手臂的反应	请原谅我吧，我真的很笨	天啊，我怎么会碰到你！你应该把你胳膊收好，这样我就不会碰到了	我不是故意的。如果有任何伤害，请和我的老师联络	（看看别人）啊，是哪个没有长眼睛？一定被撞到了
典型语言表达	你想要什么都可以，只要你高兴	你从来没做对过什么，你怎么回事	容易故意说些大道理	说的话与他人所说无关

萨提亚认为"和谐而统整的态度"是最好的沟通态度，也就是想想自己、留心对方、注意情境之后的沟通。喜怒哀乐完全配合身体、表情和语气，没有隐藏内在感受。这种模式需要较高的自我价值感，达到自我、他人和情境三者的和谐互动。[①]

具有表里一致型沟通能力的人言语中会表现出一种内在的觉察，表情流露和言语一致，内心和谐平衡，容易被人理解、相信和接纳，不需要自己委屈，更不需要践踏别人，沟通之后不必后悔。能道歉，但不是像讨好型去逢迎；能反对，但不像指责型那样去责备；能改变话题，但不像打岔型来岔开别人的话题；能说理，但不像超理智型的没人情味。一致性的沟通意味着承认自己所有的情感，能很好地表达自己的想法，同时顾及他人的感受，并且考虑到情境。在表里一致的行为和关系中，我们可以不带任何评判地接纳并拥有自己的感受，并且以一种积极、开放的态度来处理它们。

萨提亚为了帮助人们实现一致性的沟通，提出了一些实用的建议。

·认知自我、他人及情境。在沟通过程中，要对自己的情感、他人的需求

① 萨提亚，贝曼，格伯，等.萨提亚家庭治疗模式 [M].聂晶，译.北京：世界图书出版有限公司北京分公司，2019.

和沟通环境有清晰的认识。

· 给予他人充分的关注。在交流时，要全神贯注地倾听他人的观点，并关注他们的非言语表达。

· 感知和识别身体信息。通过观察自己和他人的身体语言，能更准确地理解自己和他人的情感和需求。

· 认知防御机制和家庭规则。要了解自己的心理防御机制，以及家庭和社会对自己的影响，以更好地应对各种情感和环境。

具体实践时，可以按照以下步骤进行。

自我关注：留意自己的身体反应，保持冷静，坚守自我价值，明确自己的立场并具备洞察力。

建立联系：倾听他人，注意他们的身体语言，展现尊重和接纳的态度。

适应情境：将问题转化为应对方式，处理情感，调整期望和认知，发掘更多的可能性。

整合与转变：将自我、他人和情境及多种体验水平，与当前的实际情况相结合。

萨提亚认为，一致性沟通包含以下三个层次。

第一层次：接纳感受。在这一层次，需要感知自己的身体和情绪变化，并勇于承担责任。不应将情绪归咎于他人，而是为自己的情绪和经历的一切负责。接纳自己的各种情绪，思考如何让自己感到舒适和平静，并欣赏自己的付出。

第二层次：深入觉察。在表里一致的第二层次上，需要改变我们的知觉，并重新巩固我们的自尊。让我们的自我期望与自我感知达到和谐状态，这有助于建立信心、力量和自尊。

第三层次：身心合一。在最高层次上，我们与自己的精神内核保持和谐一致。这是萨提亚所描述的境界，在这个境界中，我们可以感知到他人的精神能量。我们每个人都是一个完整整体的一部分。生存和死亡是一种转换的过程。我们不断深入了解这个宇宙的更深层面，而不再被迫放弃我们自己的任何意识。这是生命与生命之间的交谈。当达到第三层次时，我们与自己的灵性精华保持和谐一致，并与世界的本质建立联系，从而达成崭新的普遍性意识与世界和平。[①]

（二）感恩

积极心理学倡导人际关系的积极，而积极关系的核心内容之一就是感恩。哲学家西塞罗曾经说："感恩不但是一切美德中最伟大的，而且是其他美德存在的基础。"人际关系中存在感恩，不但可以促进关系的稳固，更能使人们在关系中体验到幸福。那么到底什么是感恩？它为什么会产生？又为什么会有那些神奇的作用呢？

1. 什么是感恩？

感恩（gratitude）一词源于拉丁词根 gratia，意为优美、高尚、感谢，衍生出来的意思就是带着善良的心、慷慨的心做事，感受给予和获得之美。

埃蒙斯（Robert Emmons）和麦卡洛（Michael McCullough）认为，感恩建立在个体对于外界正性刺激有意的感知上。这个所谓的外界正性刺激，可以是别人给予我们的一件礼物也可以是我们对命运的感知，或者是感受到的自然界的美丽或伟大。但是，仅有外部正性刺激并不能使人自动产生感恩，还要有主观上的积极的感受和体验。

心理学家认为，作为一种情感，感恩需要两个条件：一是对获得的积极刺激的感知；二是对积极刺激来源的认可。个体如果能有意识地觉知到，施惠者是主动地、努力地施惠，则会扩大这种感恩的体验。彼得森进一步扩展了感恩体验的来源，认为感恩情绪的产生，不局限于接收到他人恩惠后产生的一种感谢和喜悦的情感，也可能是来自对大自然或环境的欣赏以及享受。

在认知上，感恩是个体愿意承认在自己的经历中存在不应得的价值增量。

---

① 萨提亚，贝曼，格伯，等 . 萨提亚家庭治疗模式 [M]. 聂晶，译 . 北京：世界图书出版有限公司北京分公司，2019.

这意味着在认知层面，感恩实际上是一种受惠者对所受恩惠的理解和认识。同样，感恩源于对他人对个体做出的善意行为的一种感知。而从行为的角度，感恩是利他行为的动力基础，首先需要感谢施惠者，然后才能产生合适的反应。感恩在利他行为中具有重要的道德意义，具有三种基本功能：第一，感恩作为一种道德显示器（moral barometer），可以使个体从其中得到一个分数，这个分数代表了在他人对个体的亲社会行为发生后，个体所感知到的情感程度，即感恩可以显示出施惠者对受惠者施惠；第二，感恩作为一个道德动机（moral motive），它会激发人们在成为他人亲社会行为的受益者之后做出亲社会行为，即感恩可以促进受惠者对他人特别是对施惠者的亲社会行为；第三，感恩作为一种道德强化物（moral reinforcer），它通过强化之前人们的善举而增加他们做出亲社会行为的可能性，即感恩可以强化施惠者以后的亲社会行为。[①]

感恩究竟是一种特质，还是一种状态？这引起了学界的讨论。有研究者认为，感恩是一种特质，即感恩水平高的人，在任何情境中对任何施惠者都会表达出感恩情感和反应，而感恩水平低的人则相反。麦卡洛等认为作为一种积极的人格特质，感恩是个体受感激情绪驱动去了解和回应施惠者。感恩水平高的个体，更容易或更频繁地被周围环境中的美好激活，倾向于更加敏锐地感知到感恩线索，也会更加强烈地予以感激回应。而拉扎勒斯等则认为，感恩随着周围情境的不同，具有一定的波动性，因而对感恩的评估一定要考虑到情境的影响。虽然学界还未达成共识，但人们普遍接受一种整合的观点，即感恩作为一种特质会有一定的跨情境的稳定性，但情境对人们是否做出感恩或感恩强度的大小也有很大的影响。

虽然很多心理学家从不同的角度对感恩进行了不同的描述，但是也存在着一定的共性。总结起来，感恩就是对外界（超自然界、自然界、人）的积极刺激进行感知后，产生的持久的、稳定的感谢状态，并因此诱发了积极的关系，而且这种状态和关系具有泛化的性质。

---

① 刘翔平.积极心理学 [M].北京：中国人民大学出版社，2018.

2. 感恩促进社会支持

社会支持是良好人际关系的重要体现。良性的社会支持循环系统是建立在支持者与被支持者相互信任、共创的社会关系基础之上的。一旦相互间的社会关系破裂，这套社会支持系统也会随之土崩瓦解。感恩对社会支持的维护有着积极的作用。

高感恩水平的个体，其亲社会性更高，更加倾向于帮助别人。麦卡洛等发现高感恩水平的个体更愿意去帮助、支持及同情其他社会成员。巴里特（Clark Barrett）在研究中采用三个实验，进一步验证了感恩情绪能够激发个体的亲社会行为，并且即使帮助他人需要耗费很多精力，高感恩水平的个体仍然愿意伸出援手，而这种积极的效应是独立于积极情绪产生作用的。在实验室中启动个体的感恩情绪，同样发现其表现出更多的亲社会行为。因此，当一个人具有较高的感恩水平时，他们往往表现出更具有亲和力，更加随和，因此更容易和社会产生积极的关系。

与此同时，高感恩水平的个体所获得的人际支持也更多。弗罗（Jeffrey Froh）等在青少年样本中发现，感恩水平能显著正向预测得到的同伴和家庭支持。格兰特（Adam Grant）和基诺（Francesca Gino）从施惠者的角度进一步探索了感恩与亲社会行为的交互作用，研究发现施惠者在接收到受惠者的感激表达之后，会施以更多的援手。这一作用的心理机制在于，当施惠者给予受惠者恩惠的时候，受惠者感知到并做出感恩的回应，这时，施惠者会在自我评价上对自己进行积极的评价，认为自己是一个善良的人，同时感受到的感恩也对这个积极的评价做了验证性的强化。这使得施惠者更愿意做出亲社会行为，同时愿意泛化到其他的人或事上面。这会使得他在社会支持系统中稳固他自己的地位。而受惠者在接收到施惠者的恩惠时，同样会对自己做出积极的评价，他会认为这是因自己的道德水平高或者某个优秀的人格特征而应得的恩惠，这种积极的并且是道德上的自我评价会促使他以感恩的行为来巩固这种积极评价。这两方面的作用力推动了社会关系的稳固，也使这套社会支持系统能更加持久地维持下去。

感恩也有助于提升宽容的程度，抑制破坏性的人际行为。麦卡洛等在研究中发现高感恩水平的个体更愿意去宽恕别人的过错。内托（Neto）对宽容和感恩的关系进行研究，结果显示，在多元回归模型中，感恩对宽容的解释率很高。我们如果时刻怀着感恩的心，那么对很多事情就会有不同的归因。例如，我们会对一个人的不理智行为积极地进行外部归因，认为他的心情不好，那只是暂时的冲动行为，而不会进行内部归因，认为他就是一个坏人。这样的归因方式可以让我们更容易理解别人，宽容别人。布林（Breen）等采用自我和朋友双重报告的形式，进一步验证了感恩和宽恕之间紧密的联系。因此，高感恩水平的个体在关系中的宽容程度更高，更容易接纳对方的错误，有助于维持同伴关系的稳定。

3. 如何获得感恩品质？

作为一种积极的心理潜能，感恩也是积极心理学家们重点关注的课题之一。他们还提供了不少通过感恩提升继而丰富个体内在积极资源的感恩干预策略。

（1）细数感恩（count blessings）

埃蒙斯和麦卡洛在一项关于感恩对主观幸福感影响的研究中，发展出细数感恩的干预策略。让被试按照一定的周期列举一些令自己感激的人或事。背后的心理机制在于，通过对生活经历和事件予以感恩的解读，从细微中觉察到他人给予的恩惠，通过整体上提高感恩水平，从而实现主观幸福感的增加。

他们进行了三项研究：研究一让大学生坚持 10 周，感恩干预组每周写 5 件感恩的事情，其中一个控制组每周写 5 件烦恼的事情，另一控制组则每周写 5 件自己和别人冲突的事情。最终结果显示，感恩干预组大学生后测感恩水平有显著提高。研究二让大学生坚持 2 周，感恩干预组每天写 5 件感恩的事情，其中一个控制组每天写 5 件烦恼的事情，另一个控制组则每天写 5 件下行社会比较（将自己与境况不如自己的人比较）的事情。最终结果显示，感恩干预组大学生感恩水平有显著提高。同时发现，每天都进行细数感恩的大学生，比研究一中每周细数感恩的大学生感恩水平提高得更多。研究三让神经肌肉疾病患者坚持 3 周，感恩干预组每周写 5 件感恩的事情，控制组则不做任何干预，最终也发现，细数感恩可以提高感恩水平，并能提高生活满意度、积极情绪水平等。

细数感恩实质上是一种快乐认知增强练习，通过重复练习对生活事件进行积极回忆和解读，能逐渐形成自动的感恩认知风格，进而提高对生活的满意度，激发积极情绪。

细数感恩策略为我们人际交往提供了最重要的一个视角，让我们懂得如何去发现恩惠，学会敏锐地感受和觉知别人对我们的帮助，培养感恩的认知思维方式。只有感知到别人对我们的恩惠，才会触发我们的感恩之心。因此，我们要细心观察，用心感受人际交往中点点滴滴的恩惠，感受这种恩惠背后的情感力量，从而促进情感交流。

（2）感恩拜访（gratitude visiting）

感恩拜访策略，即鼓励个体表达感恩行为，通过写信及登门拜访的形式对施惠者予以感谢。塞利格曼发现，写信感谢施惠者可以有效地提高被试的感恩水平。他在网上进行实验，让成年被试在一周内书写一封感恩信，并寄给想感谢的对象；控制组的被试则被要求对早期的某段经历进行回忆和书写。结果显示，接受了感恩拜访干预的被试，在干预后的即时测量及一个月后的追踪测量上，均报告了更高水平的感恩和主观幸福感，以及更低的抑郁水平。对于感恩拜访干预效果的机制，塞利格曼解释为，在书写感恩信的时候，个体会对感恩对象的施恩行为进行回忆，体会那时的积极情绪，这种积极情绪可以扩建个体的思维。在寄给感恩对象之后，他们会得到这个感恩对象的回馈，这也是一个积极刺激，可以提升他们的社会支持，从而使得他们更加幸福并缓解抑郁情绪。

我们要在人际交往中践行感恩，多向他人表达感激是人际关系的催化剂，同时，我们的感恩也会因为别人的感知和反馈而得到强化。体会感恩能给我们带来积极体验，这种体验往往会产生意想不到的效果。有时候，别人哪怕给予点滴之恩，对我们来说都是雪中送炭，这时，如果我们感激别人，哪怕只是简单地表达一句谢谢，都会使双方沉浸在感恩所创造的氛围中。因此，在人际关系中，我们也应该更多地提供表达感恩的机会，并抓住点滴的感恩情感进行积极的强化，使本来可能没有意识到的施惠者体验到感恩这种情绪对自己和对别人的积极推动作用。

（三）宽容

1. 什么是宽容？

宽容也是积极心理学界研究的重要主题。恩莱特（Robert Enright）认为宽容包括认知情绪行为三个方面的内容。宽容是受害者在受到不公正的伤害后，其消除对冒犯者的负面认知、情绪和行为反应，并出现正面的认知、情绪和行为反应的过程。具体地讲，当个体宽容时，在情绪方面，愤怒、憎恨、悲伤等消极情绪逐渐被中性情绪取代，最终转化为积极情绪，如同情心和爱心；在认知方面，个体不再做出谴责性的判断和持有报复的念头，而是表现出积极的思维活动，如祝福对方、尊重对方；在行为方面，个体不再去做报复性的行动或做出此类提议。

麦卡洛等则认为宽容是一种人们受到冒犯后其亲社会性动机的改变。这种改变有两个内容：一是动机结构的变化，二是亲社会行为的出现。他将宽容与动机相联结，但并不认为宽容就是动机，而是将其视为一系列动机变化的过程。其中，亲社会行为指的是当人们宽容时，他们会更愿意做出有益于伤害者或者促进与伤害者关系的行为，更不愿意做出伤害伤害者或者破坏与伤害者关系的行为。

研究者从亲社会行为的角度对宽容进行了解析："我们对他人表现出关心通常是因为我们能够体验对他人的同情，并能够借助同情去处理与他人的冲突。"在人际关系心理学中，这种亲社会心理包括适应性调节及自我牺牲两个部分。其中自我牺牲是指个体能够超越直接的个人需要而倾向于思考他人利益并看重人际关系的价值。宽容、同情、适应性调节和自我牺牲的共同特征在于，个体在行动中可能需要做出一定努力，这种努力会对建立或恢复与他人的积极关系有益。

综上可见，虽然研究者对宽容的理解多种多样，对宽容的定义也不尽相同，但都认为宽容包含伤害者、冒犯行为和受害者三个基本要素。目前在西方心理学界已经形成了这样一种共识，即宽容是由一组连续的、多维度的，而非单一的社会心理动机所组成的，包括认知、情绪、动机和社会性等成分。这对于进一步科学地去研究宽容具有非常有益的价值。而且从各种定义中可以看出，受害者内在对伤害者产生的亲社会性改变是宽容的基础和无可争辩的特征，正是这一共同的特征，构成对各个研究进行整合的基础。

2. 宽容带给我们的积极意义

宽容有助于降低个人的敌对情绪。研究发现，与敌对情绪状态比较低的人相比，具有长期的、慢性的高敌对情绪状态的人会更加经常回想起冒犯情境，而且有更多对冒犯者施加报复的观念。虽然其结果并不一定导致直接的报复行动，但是会导致回避行为增加。麦卡洛等的研究发现那些宽容水平低报复欲强的被试体验到的主观幸福感较低；一项对被剥夺父母关爱的青少年的研究发现，被施与宽容教育的被试在宽容水平上显著高于控制组，焦虑水平更低，自尊水平更高，抱有的希望更高，同时对家长的态度也更加积极。还有研究表明宽容倾向与抑郁水平有显著负相关关系。这些研究均反映了宽容水平较高的个体会有更低水平的消极情绪，也更容易调整自己的情绪状态。[1]

当我们宽容某个曾经伤害过我们的人时，我们会同时出现减少伤害对方和减少回避对方的想法。不过，反过来，从治疗的角度来说，我们如果协助个体减少了对于对方的回避行为，也就实际上帮助个体缓解了自身的敌对情绪状态。因此，缓和敌对情绪也就自然成为宽容提升中的一个重要方面。总而言之，宽容的人更有可能采取一些积极行动，改变与他人的敌对状态，在

---

[1]　刘翔平. 积极心理学 [M]. 北京：中国人民大学出版社，2018.

这一过程中，原本的消极情绪逐渐转化为中性情绪、积极情绪，在态度上表现出同情、关爱，在行为上愿意与对方共同参与某些活动、提出建议等。

宽容有助于人际关系的恢复。许多研究者都已经发现了人们通常更倾向于宽容那些与自己关系比较亲密的人，而对于与自己距离比较远的或是陌生人则比较难宽容。麦卡洛等通过路径分析法发现，人们不仅会因为人际关系的亲密、投入及满意而表现出宽容，而且，宽容也会反过来缩短个体与冒犯者之间的关系距离。因此，愿意宽容冒犯者的人通常也更容易与冒犯者重建友谊；而与之相反，对曾经伤害过自己的人不能表现出宽容，也往往会令彼此间的关系伤害进一步加剧，最终导致这种关系的完结。有研究也证明，缺少积极的人际关系支持是导致个体压抑、自杀或者免疫系统功能下降的重要原因之一。换句话说，宽容在维护良好人际关系的同时，也帮助维护和促进了自身的良好健康状态。

3. 如何提升宽容水平？

恩莱特和巴斯金（Robert Baskin）于 2004 年共同创建了一个名为"人类发展研究小组"的学术组织。他们专注于研究宽容及其在临床治疗中的应用，并为此构建了一个包含四个阶段的宽容过程模型。

第一阶段是伤害体验阶段。其目标是帮助个体识别、感受并接纳自己在受伤害后可能产生的消极反应，如愤怒、羞愧，过度关注事件，或将自己的不幸与冒犯者的"幸运"进行对比。这些反应会加深个体的愤怒和悲伤。只有当个体意识到并接受这些情绪和认知时，才可能产生改变，进而促进情绪的宣泄。

第二阶段是决定宽容的阶段。此阶段旨在向个体解释宽容的含义，引导其将宽容视为一种可能的策略，并考虑是否愿意实施宽容。在这一阶段，个体会重新审视自己的行为和反应。当他们发现先前的应对策略无效时，便会思考宽容的价值，并考虑是否采用宽容来解决问题，进而做出宽容的承诺。

第三阶段是实施宽容的阶段。在这一阶段，个体会从新的视角看待冒犯者，重新构建对其的认知，并尝试理解其困惑、脆弱或压力，从而增加对冒犯者的同情。此时，个体不再纠结于自己所受的伤害，而是能主动从冒犯者的角度思考和理解。他们愿意忍受痛苦，放弃报复，从而获得内心的平静。

第四阶段是成果收获与深化阶段。此阶段的目的是巩固个体的宽容意愿，并促使其真正地实现对冒犯者的宽容。首先，引导个体思考这段经历为其带来的积极影响。研究显示，为经历赋予积极意义可以促进个体的宽容。其次，引导个体认识到每个人都有不完美之处，有时也需要得到他人的宽容。再次，使他们意识到其他人也可能像自己一样受到伤害，这会减少他们的孤立感。又次，鼓励他们设定新的生活目标，从而激发他们对未来的希望。通过这些措施，个体将逐渐察觉到消极情绪的减少和积极情绪的增加。最后，他们的内心将得到释放，从而真正实现对冒犯者的宽容。

该模型详细描述了宽容的心理过程，这对我们理解受害者，帮助其走出困境，具有指导意义。宽容是一种积极心理品质，也是一种战胜消极心理的强大力量。大量研究表明，基于该模型的宽容干预能有效改善个体的心理状态，促进个体宽容，在人际交往过程中，我们可以尝试着用以上模型来培养自己的宽容。[1]

---

[1] 刘翔平.积极心理学[M].北京：中国人民大学出版社，2018.

☀ 幸福实践

....

心理学实验

霍桑实验

霍桑实验，这项在心理学领域极具影响力的实验，由哈佛大学的著名心理学家梅奥（George Mayo）领导，于1927年至1932年在美国西方电气公司的霍桑工厂进行。实验内容涵盖了多个方面，包括照明、福利、访谈和群体动态等。

第一，照明实验。研究者选取了一个绕线圈的班组，将其分为实验组和对照组。实验组工人在不断改善照明条件的情况下工作，而对照组的照明条件保持不变。尽管研究者原本预期实验组的产量会高于对照组，但结果却出乎意料。两组的产量都在增加。当研究者进一步将2名女工安排在单独的房间里工作时，即使照明降低到与月亮相当的程度，产量仍然保持上升。这表明，工人们认为管理当局对他们的重视及融洽的人际关系是促进产量提高的重要因素，而不仅仅是照明条件。

第二，福利实验。研究者选取了6名女工在单独的房间里从事装配继电器的工作。在实验过程中，逐步增加了一些福利措施，如缩短工作日、延长休息时间、免费供应茶点等。研究者原本预计这些福利措施会刺激生产积极性，一旦取消这些福利措施，生产一定会下降。然而，结果却与研究者的设想相反。产量不仅没有下降，反而继续上升。深入了解后发现，这依然是融洽的人际关系在起作用。在调动积极性、提高产量方面，人际关系因素的重要性超过了福利措施。

第三，访谈实验。研究者在霍桑工厂组织了大规模的态度调查。他们找到工人进行个别谈话2万余人次，每次谈话时间从半小时到一个半小时不等，谈话内容不限。研究者还要求调查人员耐心倾听工人对厂方的各种意见和不满，不做解释、不反驳、不训斥，只做好详细的记录。同时，研究者对公司的监督管理人员进行训练，要求他们更好地听取工人的意见，了解工人的个人问题，并加以解决。这次大规模的调查谈话收到了意想不到的结果：霍桑工厂的产量大幅度提高。这次谈话使工人对工厂长期以来的诸如工作环境、待遇、管理制度与方法等方面的不满得到了发泄，因而感到了心情舒畅。通过谈话，管理者了解了工人心中的不满和顾虑，改进了管理方法，创造了较为融洽的气氛，使工人感到自己参与公司的管理工作，从而大大提高了工人的工作效率。

第四，群体实验（银行电汇室研究）。研究者在这个实验中选择14名男工人在单独的房间里从事绕线、焊接和检验工作。对这个班组实行特殊的工人计件工资制度。研究者原来设想，实行这套奖励办法会使工人更加努力工作，以便得到更多的报酬。但观察的结果发现，产量只保持在中等水平上，每个工人的日产量平均都差不多，而且工人并不如实地报告产量。深入调查发现，这个班组为了维护他们群体的利益，自发地形成了一些规范。他们约定，谁也不能干得太多，突出自己；谁也不能干得太少，影响全组的产量，并且约法三章，不准向管理当局告密，如有人违反这些规定，轻则挖苦谩骂，重则拳打脚踢。进一步调查发现，工人们之所以维持中等水平的产量，是担心产量提高，管理当局会改变现行奖励制度，或裁减人员，使部分工人失业，或者会使干得慢的伙伴受到惩罚。这一实验表明，为了维护班组内部的团结，可以放弃物质利益的引诱。由此提出"非正式群体"的概念，认为在正式的组织中存在着自发形成的非正式群体，这种群体有自己特殊的行为规范，对人的行为起着调节和控制作用。同时，加强了内部的协作关系。

霍桑实验表明：工人的生产效率不仅仅受到物质条件的影响，更重要的是受到社会和心理因素的影响。工人们希望得到公正和尊重，希望得到他人的关注和认可，群体间良好的人际关系是调动工作积极性的决定性因素。

测一测

你的人际反应如何？

中文版人际反应指针量表由吴静吉等依据戴维斯（Arthur Davis）在 1980 年所编的人际反应指针量表（Interpersonal Reactivity Index，IRI）修订而成的，共有 22 题，分成 4 个维度：观点采择、想象、同情关心、个人痛苦。人际反应指针量表的克朗巴哈系数（cronbach's α）为 0.53—0.78，而重测信度为 0.56—0.82，信度颇高。

下面的测试共有 22 道题目，每道题目用来描述你是否恰当，或者说每道题目内容符合你的程度如何。采用 5 点计分法，0 代表"不恰当"，4 代表另一个极端"很恰当"。认真阅读试题，并根据自己的实际情况选择最接近的选项。

1. 对那些比我不幸的人，我经常有心软和关怀的感觉。　　　　（　）

2. 有时候当其他人有困难或问题时，我并不为他们感到很难过。（　）

3. 我的确会投入小说人物中的感情世界。　　　　　　　　　（　）

4. 在紧急状况中，我感到担忧、害怕而难以平静。　　　　　（　）

5. 看电影或看戏时，我通常是旁观的，而且不经常全心投入。（　）

6. 在做决定前，我试着从争论中去看每个人的立场。　　　　（　）

7. 当我看到有人被别人利用时，我感到有点想要保护他们。　（　）

8. 当我处在一个情绪非常激动的情况中时，我往往会感到无依无靠，不知如何是好。　　　　　　　　　　　　　　　　　　　　（　）

9. 有时候我想象从我的朋友的观点来看事情的样子，以便更了解他们。
　　　　　　　　　　　　　　　　　　　　　　　　　　　（　）

10. 对我来说，全心地投入一本好书或一部好电影中，是很少有的事。
　　　　　　　　　　　　　　　　　　　　　　　　　　　（　）

11. 其他人的不幸通常不会带给我很大的烦忧。　　　　　　　（　）

12. 看完戏或电影之后，我会觉得自己好像是剧中的某一个角色。（　）

13. 处在紧张情绪的状况中，我会惊慌害怕。　　　　　　　　（　　）

14. 当我看到有人受到不公平的对待时，我有时并不感到非常同情他们。

　　　　　　　　　　　　　　　　　　　　　　　　　　　（　　）

15. 我相信每个问题都有两面观点，所以我常试着从这不同的观点来看

　　问题。　　　　　　　　　　　　　　　　　　　　　　（　　）

16. 我认为自己是一个相当软心肠的人。　　　　　　　　　　（　　）

17. 当我观赏一部好电影时，我很容易站在某个主角的立场去感受他的

　　心情。　　　　　　　　　　　　　　　　　　　　　　（　　）

18. 在紧急状况中，我紧张得几乎无法控制自己。　　　　　　（　　）

19. 当我对一个人生气时，我通常会试着去想一下他的立场。　（　　）

20. 当我阅读一篇吸引人的故事或小说时，我想象着：如果故事中的事件

　　发生在我身上，我会感觉怎么样？　　　　　　　　　　（　　）

21. 当我看到有人发生意外而急需帮助的时候，我紧张得几乎精神崩溃。

　　　　　　　　　　　　　　　　　　　　　　　　　　　（　　）

22. 在批评别人前，我会试着想象：假如我处在他的情况，我的感受

　　如何？　　　　　　　　　　　　　　　　　　　　　　（　　）

计分方法

观点采择：第 6、9、15、19、22 题。

想象：第 3、5、10、12、17、20 题。

同情关心：第 1、2、7、11、14、16 题。

个人痛苦：第 4、8、13、18、21 题。

注意：第 2、5、10、11、14 题为反向计分题。

练一练

倾听训练和角色扮演

倾听是良好人际关系的基础。倾听是我们获取更多的信息，正确地认

识他人的重要途径。倾听是一种礼貌，是尊重说话者的一种表现，也是对说话者的最好的恭维。倾听是一种关爱，你送我一片目光，没有言语，可是我却在你静静的聆听中感受着你的关切。如果你学会了聆听，相信你将拥有更多的朋友。他们会喜欢你的平和，喜欢你的静静聆听而将你视为知己。

角色扮演法通过情景模拟活动，充当或扮演某种角色，站在一个新的立场去体验、了解和领会别人的内心世界，理解自己反应的适当性，由此来增加我们的自我意识水平、理解他人情绪的能力，从而获得新的社交技能。

操作：4人一组，分别扮演4个不同的角色。

角色Ａ：一贯学习成绩不错，周围的人都认为考上重点中学没有问题。但是中考结果并不理想，重点中学落榜，情绪沮丧。落榜后，找到自己的老师和朋友倾诉（根据自己的经历或假设任务的经历谈落榜的感受）。

角色Ｂ：A的现任老师（听了A的诉说给予回应）。

角色Ｃ：A的好朋友（听了A的诉说给予回应）。

角色Ｄ：观察员，观察B、C是怎样倾听并回应A的（言语和非言语）。讲出自己的发现。可以请A谈一谈在与老师、朋友交谈中的感受。组织4人讨论。

第七章 积极亲密关系：懂得爱的艺术

了解爱情的人往往会因为爱情的升华而坚定他们向上的意志和进取精神。

——培根

纠结的关系

　　小明和小雪是同班的一对小情侣，我跟他们的相识是在学院的咨询室里。那天早上，我刚到办公室就收到小明的短信："王老师，您好！请您帮帮我，我女朋友给我发信息说，她活不下去了，如果我再不理她，她就要去死。"并传过来一张他们的聊天记录，看到小雪确实是说出了活不下去这种话，我一下子紧张起来。赶紧联系小雪，所幸她很快就接通了电话，并且答应跟我聊聊。

　　来到咨询室，小雪并没有我想象得那么低落，我问她："最近怎么样？"她还略显轻松："还不错，跟男朋友闹了点小矛盾，刚才和好了。"我顺势提到他们聊天记录里她说过的话，她有点尴尬地说："我只是希望自己能感受到他的爱，希望他重视我。他刚跟老师发信息的事情，我也知道了，他也在门外，老师能请他进来吗？"我尊重她，将小明也请进了咨询室，可以看得出来，小明也很想进来聊聊。他说出了他的苦恼："我是一个很容易焦虑，并且很在乎别人感受的人，我很害怕争吵，只希望能和小雪保持稳定和温暖的恋爱关系，但我总是搞不懂为什么小雪经常莫名其妙地生气。每当这个时候，我就觉得非常害怕，但不知道怎么处理，想着还不如结束这段关系。"小雪也道出了她的苦恼："可能是因为父母关系不和，所以我总是没有安全感，当我们关系特别好的时候，我也在担心它什么时候会变糟糕，总是觉得自己不受重视，所以容易发脾气，真正吵架后，自己又特别后悔，希望能和好，所以就有了聊天截图里提到的活不下去，这也不是威胁小明，是真的觉得如果失去了这段关系，看不到活着的意义。"

为什么小雪总是在恋爱关系中感到焦虑？

为什么小明遇到冲突总是喜欢冷处理，在恋爱中总是喜欢逃避？

为什么有些恋人总是在恋爱中互相拉扯、相爱相杀？

如何才能好好地处理这种亲密关系，这也是一门学问，我们都需要学习这种爱的艺术。

一、理解爱情

（一）什么是爱情？

也许，我们也问过或被问过"什么是爱情"，你是怎么回答的呢？我得到的最多答案就是："那是一种复杂和奇妙的感觉，可是我实在无法用语言来形容。"休斯（Langston Hughes）曾向一群4—8岁的孩子提问爱的含义，他得到了各种各样的答案："我奶奶得了关节炎，再也不能弯下来涂脚指甲。于是我爷爷总是给她涂，甚至当他自己的手得了关节炎也是这样。这就是爱。""爱就像一个小老太婆和一个小老头儿，尽管他们彼此很了解，但仍然是朋友。""爱就是在你累的时候让你笑起来的东西。"心理学家是怎么定义爱情的呢？

苏利文（Harry Sullivan）指出："当另一个人的满足和安全变得像自己的满足和安全一样重要时，爱情就存在了。"而弗洛姆（Erich Fromm）则认为"成熟的爱乃是保全个体的个性、整体性的结合。爱是人积极能动的力量，它打破了把他人隔绝的围墙，使人和人和谐相融；爱使人克服孤独感和分离感，然而又让他仍为他自己，仍然伫立于其整体性中。故而在爱中萌生出这样的二律背反：相爱双方融合为一，但仍为二体"。

爱情的现代定义包括以下这些要素：第一，是在男女之间产生的；第二，是在个体心理达到相对成熟之时产生的，幼儿没有这种狭义的爱情；第三，个体在生理上被唤醒，爱情包括性欲和性感；第四，爱情是一种对异性产生的具有浪漫色彩的高级情感，其中包括认知成分，不是一种低级的情绪。①

总之，爱情，是产生于男女之间，使人能获得强烈的肉体和精神享受这种综合的——既是生物的，又是社会的——互相爱慕之情，是一种复杂的、多方面的、内容丰富的社会现象。

（二）爱的色轮：爱情三原色和六维度

爱的色轮来自爱情色轮模型（color wheel theory of love），由李（John Lee）在 1973 年提出，也叫爱情三原色理论和六维度模型。李以文学作品和来访者的感情经历为材料，创造性地使用爱情故事卡片分类法进行分析研究。他认为"情欲之爱""游戏之爱""友谊之爱"是爱情的三原色，而另外三个是前"三原色"两两结合发展而来的引申模式，总共形成六种爱情类型。

1. 三种基础模式

情欲之爱是浪漫的、激情的爱，在这种关系中，爱是生命中最重要的东西。它是建立在理想化的外在美的基础上的，如一见钟情或者性的吸引。情欲之爱缺乏心灵之间的深层次沟通，比较热烈，依靠激情维持。

游戏之爱将爱情视为一种游戏，以赢得异性的青睐为目标，并不投入真情实感，也并不专一，注重结果而非过程，只寻求刺激和新鲜感，并不承担责任，也不做出承诺。

友谊之爱是一种细水长流、陪伴、稳定的爱情，发展缓慢，以友谊为基础。关系中的双方更愿意一起共同参与活动，能够协调一致解决矛盾，是长期、温馨、共同成长的爱情。

2. 三种引申模式

现实之爱是一种务实、互利的关系。它可能有点不浪漫，有时被称为购物清单式的爱情，因为会考虑另外一半的现实条件，伴侣是根据一系列特征

---

① 迈尔斯.社会心理学 [M]. 侯玉波，等译 . 北京：人民邮电出版社，2016.

或要求最后选定的。这种关系理性高于情感。

狂热之爱中的人对于情感需求较大，充满激烈情感、嫉妒和不安全感，往往想要控制对方，将两人都拴在爱情这条绳索上。

利他之爱是一种关心伴侣，无私奉献、牺牲的爱情，是自我牺牲不追求回报的爱。

（三）爱情三角理论

美国心理学家斯腾伯格（Robert Sternberg）认为爱情是个三角形，三个角分别代表着亲密（intimacy）、激情（passion）以及承诺（commitment）三因素[①]，如图 7-1 所示。

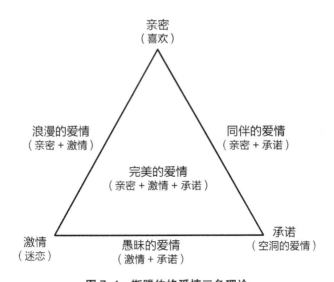

图 7-1　斯腾伯格爱情三角理论

亲密指在爱情关系中能促进双方亲近、志同道合和不分彼此的情感，具体表现为：让所爱的人生活得更好的愿望；与所爱的人在一起感受快乐；对所爱的人高度关注；希望得到爱人的帮助；彼此理解；彼此分享；彼此支持；能与所爱的人进行亲密的沟通交流；重视对方在自己生活中的价值。

---

① 迈尔斯．社会心理学 [M]．侯玉波，等译．北京：人民邮电出版社，2016.

激情又称"情欲成分"，指驱力，这些驱力能引起浪漫恋爱、体态吸引、性完美及爱情关系中其他有关现象。

承诺有两层含义：一是指在短期方面一个人做出了爱另外一个人的决定；二是指在长期方面那些为了维持爱情关系而做出的承诺或担保。但这两个方面不一定同时具备。

斯腾伯格的爱情三角理论是一个三角形，在这个三角形中，三角形的每个角代表了爱情的一个成分，通过这样的模型将不同形式的爱概念化了。举例来说，理想爱情的三个成分是平衡的，就像图中的等边三角形。

根据斯腾伯格的爱情三角理论，爱情有以下几种类型。

喜欢：当亲密程度高但激情和承诺非常低的时候，会产生喜欢。喜欢发生在有着真正的亲近和温暖的友情之中，但它不会激发起激情，也不会期望与对方共度余生。

迷恋：迷恋中有强烈的激情，但是没有亲密和承诺，当人们被不太熟悉的人激起欲望时会有这种体验，许多人的初恋或单相思都属于这种感情。

空洞的爱：没有亲密或激情，只有承诺。这种情形在婚姻中可以见到，当激情燃尽，既没有温暖也没有激情，只有留在关系中的当初的决定。

浪漫的爱：彼此的关系很亲密，激情高涨时，人们所体验到的就是浪漫之爱。浪漫的爱是喜欢和迷恋的结合。人们常常会对自己的浪漫的爱做出承诺，但是斯腾伯格认为承诺不是浪漫爱情的典型特征。

愚昧的爱：有激情和责任，却没有亲密感的培养，这种爱会发生在急风暴雨般的求爱中，在势不可挡的激情中，两个人闪电般地结婚，但彼此并不很了解或喜欢。在某种意义上，这是一种风险很大的赌博。

同伴的爱：亲密和承诺两种成分结合在一起就形成对亲密伴侣的爱，这是一种伙伴式的爱。彼此在一起关系亲近，可以分享和交流双方的感受和思想，双方还可以保持较深和长期的友谊。这种爱会集中体现在长久而幸福的婚姻中，虽然年轻时火热的激情已经消失，但是双方的感情已经升华，成为相知相依的一对。

完美的爱：当亲密、激情和承诺都同时存在时，人们的体验是"完美的、理想的"爱情。这是许多人梦寐以求的感情，但是斯腾伯格认为，这好像现代人减肥一样，短时期做到是容易的，但很难持久。

无爱：如果亲密、激情和承诺都缺失，爱就不存在。两个人的关系也许仅仅是熟人而不是朋友，彼此的关系是随便的、肤浅的、没有承诺的。

斯腾伯格爱情三角理论中三个成分的平衡会随着关系的发展而发生变化。在完美的爱中，三个成分的优化组合对于大多数人来说都是一种理想的关系，也是最稳定的关系。[①]你想知道自己所拥有的爱情类型吗？可以做后面的小测验。

（四）爱情四因素理论

耶拉（John Yela）在爱情三角理论的基础上，提出爱情四因素理论，这四因素分别为性的激情、浪漫的激情、亲密和承诺。性的激情是指对肉体适当的渴望与需要；浪漫的激情是心理层面上对爱情的渴望、需求、想法和信念；亲密是伴侣之间的一种联结，其特征是信任、支持和交流；承诺是指对恋爱关系的一种长期的打算，让人有稳定感，并有面对一切困难的决心。

爱情四因素理论对爱情三角理论进行了进一步的细化和阐释，将激情区分为性的激情和浪漫的激情，并更深入地探讨了亲密和承诺的含义。因此，爱情四因素理论可以被视为对爱情三角理论的扩充和发展。[②]

（五）弗洛姆与爱的艺术

弗洛姆是一位国际知名的人本主义哲学家和精神分析心理学家。他认为，爱是一门艺术，要求人们有这方面的知识并付出努力。但是大多数人认为爱仅仅是一种偶然产生的令人心旷神怡的感受，只有幸运儿才能"坠入"爱的情网。人们产生这种错误的想法有三种原因：第一，大多数人认为爱情首先是自

---

① 迈尔斯. 社会心理学 [M]. 侯玉波，等译. 北京：人民邮电出版社，2016.

② 迈尔斯. 社会心理学 [M]. 侯玉波，等译. 北京：人民邮电出版社，2016.

己能否被人爱，而不是自己有没有能力爱的问题；第二，人们认为爱的问题是一个对象问题，而不是能力问题；第三，人们不了解"坠入情网"同"持久的爱"这两者的区别。要掌握爱的艺术，一是掌握理论，二是掌握实践，三是要把成为大师看得高于一切，这一目标必须占据他整个身心。弗洛姆在著作《爱的艺术》中为我们解读爱。

1. 爱的要素

弗洛姆认为爱的基本要素包括关心、责任心、尊重和了解。

关心：意味着愿意关心和照顾对方，时时、事事替对方着想。这种关心可以表现为对对方的情感、需求和状况的关注和照顾，以及对对方福祉的关心和关注。

责任心：愿意为对方付出，以及承担相应的责任和义务。这种责任心可以表现为对对方的承诺、责任和义务的承担，以及对对方幸福和福祉的负责和承诺。

尊重：尊重对方的本来特质，不试图去改变对方。这种尊重可以表现为对对方的个性、价值观和选择的尊重，以及对对方独立性和自主性的认可和尊重。

了解：能够站在对方的角度思考对方的需要。这种了解可以表现为对对方的思想、情感和需求的理解和感知，以及对对方的个性和性格的了解。

2. 成熟的爱

天真的、孩童式的爱情遵循下列原则："我爱，因为我被人爱。"成熟的爱的原则是："我被人爱，因为我爱人。"不成熟的、幼稚的爱是："我爱你，因为我需要你。"而成熟的爱是："我需要你，因为我爱你。"弗洛姆认为成熟的爱是一种全面的、基于心理和情感基础的关系。在这种关系中，人们能够真正地关心、尊重、了解和承担责任，从而建立一种稳定、健康和幸福的爱情关系。

3. 自爱

自爱不是"自私"，自爱是爱他人的基础。对自己的生活、幸福、成长及自由的肯定是以爱的能力为基础的，即有没有能力关怀人、尊重人，有无责任心和是否了解人。如果一个人有能力创造性地爱，那他必然也爱自己，但如果他只爱别人，那他就是没有能力爱。

二、探索爱的奥秘

（一）爱是一种本能需求

爱是千百年来文学作品里少不了的经典主题，也是我们说不清道不明的一种神奇的感觉。也许你会纳闷，心理学家们是不是走得太偏了，像"爱"这类问题怎么可能用科学的方法进行研究呢？但是心理学家哈罗用科学的方法发现了爱这种复杂的情感。哈罗的理论认为，婴儿除了基本的饥饿、干渴等生理需求外，他们一定还有一种要接触柔软物质的需求。由于直接用婴儿做实验，存在伦理道德上的不合理，哈罗用实验室里精心喂养的健康幼猴来做实验，他和合作者还决定"制作"用于实验的不同类型的母猴。[①]

哈罗设计了一个特殊的装置，里面放了两只假母猴，一只是用铁丝做的，可以提供食物（乳汁），另一只是用柔软的布做的，但不能提供食物。然后，将幼猴放入这个装置中，观察它会选择哪只假母猴。实验发现，尽管铁丝母猴可以提供食物，但幼猴在大多数情况下都会选择依偎在柔软的布母猴身边。即使在受到惊吓或需要安慰时，幼猴也会首选布母猴。这表明，对于幼猴来说，接触安慰（即与柔软物体的身体接触）比食物更重要。

哈罗的这一系列实验表明，抚摸和身体接触对婴儿成长的重要性已远远超出了生理上的照顾，当然也可以推广到我们整个人类。可见对爱的需要是我们人类的本能需求。

（二）爱情是一次心跳的错误归因？

如何让心仪的异性对你产生激动人心的恋情？这始终是青年男女感兴趣

---

① 霍克．改变心理学的 40 项研究 [M]．白学军，等译．北京：人民邮电出版社，2018.

的话题。公元 1 世纪时，罗马诗人奥维德（Ovid）在他的《爱的艺术》中，就提到了年轻人如何去征服异性的方法。其中一个非常有趣的建议就是：将自己喜欢的女人带到竞技场去约会。这个办法有用吗？

著名情绪心理学家艾伦（Arthur Aron）曾经做过一个经典的现场实验，从心理学的角度说出了其中的缘由。实验中，研究者找到一位漂亮的女性作为助手，到三个不同的地点去找男性做调查：一是在一个安静的公园，二是在一座坚固而低矮的石桥上，三是在一座危险的吊桥上。这位漂亮的女性对所有的男性进行完简短的调查，并把自己的名字和电话号码都告诉了他们，告诉他们如果想进一步了解实验可以给她打电话。研究者所要探讨的问题是：谁会在实验后给漂亮的女助手打电话？实验结果非常有趣：与其他两组相比，在危险的吊桥上参加实验的男性给女助手打电话的人数最多。

当人们置身于危险环境中，生理反应如心跳加速、呼吸急促会自然而然地发生，这种反应不受意识控制。对于参与实验的男性而言，身处吊桥的他们在生理上更容易被唤醒。根据情绪的二因素理论，他们会为自己的生理反应找到合理的解释。与其他组别不同，吊桥上的男性可以将自己的生理异常归因于两点：一是女性助手的迷人魅力使自己陶醉，二是吊桥本身的危险让自己心跳加速。两种解释均显得合乎情理，难以抉择，真正的原因却难以捉摸。在这种模糊的情境下，部分男性对自己的生理唤醒产生了误解，错误地将危险环境导致的心跳加速归因于女性助手的魅力。正因如此，相较于其他环境中的参与者，处于危险情境中的男性对身边的女性助手产生了更浓厚的兴趣，更频繁地拨打了她的电话。

艾伦的研究给恋爱中的人一个启示：一些带有挑战性的会使人心跳加速的情景可以促进彼此之间的感情。但是当我们面临爱情的时候，我们要保持理智与冷静，要理性思考，不要被"吊桥效应"所支配。简·奥斯汀在《理智与情感》中写道："最好的爱情，需要理智去平衡感情。"在这个快节奏的时代，我们可能被各种信息所裹挟，理性思考在其中至关重要，学会理性思考方可"识得庐山真面目"。

（三）为什么越想忘记却越记得？

在王家卫的电影《东邪西毒》里，男主人公西毒欧阳锋有句经典的台词："你越想忘记一个人时，其实你越会记得他。"诗仙李白也有经典诗句："抽刀断水水更流，举杯销愁愁更愁。"这其实也是描绘了一种想摆脱、想忘却，但无法释然的感觉，比如说旧爱。恋爱是我们人生的重要经历，白头偕老的爱情是我们所憧憬的，可是现实生活中，恋爱的结局却不总是完美的，也因此使得我们有了恋爱外的另一种体验——失恋，词典里也多了个词——旧爱。

既然是失去了，那意味着过去，"过去属于死神，未来属于自己"，我们就应该完完全全地忘记，可是为什么总有那么多痴情的人？美国著名乡村音乐家威廉姆斯（Hank Williams）也曾在歌词中描写道："我不能从心里把你忘记，当我努力这样做的时候，我发现自己在浪费时间。上帝啊！我一直在努力，我一直在努力，我整夜都在哭泣，但我就是无法把你忘记。"这种旧情难忘仅仅属于痴情者，还是存在着普遍的心理学意义呢？

心理学家韦格纳（Daniel Wagner）设计了一个巧妙的实验，来证明思想抑制是否能加强对旧恋人思念的生理反应。他邀请了美国弗吉尼亚大学的70名大学生，其中38名男生，32名女生。他首先让被试完成一份思念旧日恋情的问卷，然后根据被试在思念旧恋情程度上的不同反应，将他们分为"恋情强烈"和"恋情冷淡"两组，分别有36人和34人。后面的实验分为三个阶段，每阶段时间均为10分钟。第一阶段：让所有被试用一段时间去想象旧恋人，并要求被试表达其想象到的人。第二阶段：以抑制想象"旧恋人"和"自由女神像"将被试分组。"恋情强烈"组中，16人分在抑制想象"旧日恋人"小组，20人分在抑制想象"自由女神像"小组。"恋情冷淡"组中，18人分在抑制想象"旧日恋人"小组，16人分在抑制想象"自由女神像"小组。在这一阶段，要求被试努力不想象旧日恋人或者自由女神像。第三阶段：要求被试再想象旧日恋人，并对想象的旧恋人进行表达。在实验的每个阶段，均采用科学的仪器测量被试的皮肤电传导水平，作为被试心理和生理反应的证据。研究发现，在第一阶段中，"恋情强烈"组的心理生理反应均明显高于"恋情冷淡"组，尤其是第三阶段，曾经被抑制思念旧恋人的被试的心理生理反应呈上升趋势，也就是说，抑制其对旧日恋人的思念反而增加了被试的思念程度。

既然抑制对旧恋人的思念与情感只是徒劳，那又何必强求自己呢？面对失去和痛苦，坦然地接受它，"那些原本我们以为不会忘记的事情，往往就在我们念念不忘的过程里，被我们忘记了"。当再次想起的时候，会觉得一切是那么美！

（四）为什么得不到的永远在骚动？

"得不到的永远在骚动，被偏爱的都有恃无恐……"这句话，大家一定很熟悉，它是陈奕迅《红玫瑰》中的经典歌词，唱出了张爱玲小说《红玫瑰与白玫瑰》的灵魂。书中讲的是，每个男人的心里都住着两个女人，一个白玫瑰，一个红玫瑰。男人娶了红玫瑰，时间一久，觉得红玫瑰像蚊子血一样平庸，白玫瑰还是明月光；而娶了白玫瑰后，又觉得白玫瑰像饭粒一样，红玫瑰却似心口的朱砂痣。

这种对"得不到的永远是最好的"描写，似乎让每个人感同身受。是张爱玲有意夸张，还是事实的确如此？人们常常感叹：时隔多年，我还是忘不了我的初恋……哪怕后来也遇到过比他优秀的心动之人，但唯独对初恋难以忘怀，这又是为何？

蔡戈尼克效应（Zeigarnik effect）回答了这些问题。德国心理学家蔡戈尼克（Bluma Zeigarnik）在1927年首次发现了这一效应，指的是：人们更容易记住未完成的或未解决的任务，而相对于已完成的任务更容易忘记。

蔡戈尼克曾在1927年做过一个实验：参与者被分成两组，一组是实验组，另一组是对照组。所有参与者被分配一系列简单但未完成的任务。在实验组，这些任务被人为中断，而对照组的参与者则被允许完成所有任务。在所有任务被分配或中断后，参与者被要求等待一段时间，通常是一段短暂的间隔。在等待阶段结束后，参与者被要求回忆他们完成的任务。研究者关注的是参与者在回忆未完成任务时的表现，以及他们是否更容易记住实验组中被中断的任务。研究者分析参与者的回忆表现，特别是关注未完成任务的回忆。如果实验组的参与者更容易回忆中断的任务，那么就支持了蔡戈尼克效应的存在。在这个实验中，蔡戈尼克效应的关键观察是实验组的参与者更有可能记住中途被中断的任务，而对照组的参与者则更容易忘记已经完成的任务。这种现象强调了未完成任务在记忆中的特殊地位，以及中断对于这种记忆效应的影响。

蔡戈尼克效应告诉我们，人天生就有一种"完成欲"，人们之所以会忘记已完成的工作，是因为欲完成的动机已经得到满足；如果工作尚未完成，这同一动机便使他对此留下深刻印象。

蔡戈尼克效应与钱锺书先生所说的"围城"效应也有着共同的逻辑基础，"未完成的""得不到的""别人家的"……这种心理上的高识解水平（high construal level）事件，总是能引起人们更强的趋近（approach）动机。正所谓："……娶了红玫瑰，久而久之，红的变了墙上的一抹蚊子血，白的还是'床前明月光'。娶了白玫瑰，白的便是衣服上的一粒饭粘子，红的却是心口上的一颗朱砂痣。"

所以，如果你为一直忘不掉他（她）而烦恼，请理性对待：这不是爱，你只是想要满足你的"完成欲"。

三、积极守护爱情

（一）爱要怎样表达？

世界上没有不吵架的情侣和夫妻，有研究表明：幸福的夫妻和痛苦的夫妻，他们在吵架的频率和内容上是没有差异的。你肯定很想知道，为什么有人幸福有人痛苦呢？很大原因归结于他们的沟通。

处理冲突是日常生活中不可避免的，人们处理冲突的方式主要有四种。

攻击性沟通：富有攻击性的人常常易怒而粗鲁，并试图以别人的损失为代价来美化自己。他们常常对别人的感情毫不在意。

操纵性沟通：具有控制性倾向的人试图通过使别人对他们感到抱歉或者愧疚来从别人那里得到自己想要的东西。

消极沟通：消极的沟通者表现得拘谨、顺从和不自信。他们甚至在从未表达过自己的想法或者尚未让别人知道他们想要什么的情况下，就被别人说服。

决断性沟通：有决断力的人按照他们的兴趣行事。他们站在他们的合法权利的立场上，公开直接地表达他们的观点。

很多文化背景中，女性更容易因社会化而变得没有主见，更容易使用消极沟通，而男性则变得太富有攻击性。其实大家可以看到，决断性沟通是最好的处理冲突的方式，我们对自己感到满意和舒适而不必借助压低别人来拔高自己。心理学家们也提出了一些让我们变得更具有决断力的策略。

- 估计你的权利。仔细考察你在特定情境下的权利。
- 指定一个时间来讨论你想要的东西。你可能对地点的选择很坚定，如果不是，就找一个双方都方便的时间来与另一个人讨论该问题。
- 按照问题可能会给你带来的影响方式来进行陈述。清楚地表达你的观点以使别人更好地理解你所处的位置。冷静地对问题进行尽可能清晰的回顾。
- 客观地描述问题。不要指责或评判别人。
- 表达你对该情形的感觉。让别人知道在情绪没有失控的情况下你在想什么。
- 要求你想要的东西。坚持己见的一个重要方面是坦率、直接地提出你的要求。

良好言语的沟通对维持和促进亲密关系起着重要作用。研究者们还发现：恋爱中的人，如果每天花 20 分钟时间，用文字记录下自己在约会时的浪漫感受，就可以更长久地享受这段恋爱关系。可见，爱不仅要用语言说出口，还可以用笔记录下来。

（二）发展健康的亲密关系

恋爱中的人都渴望与对方关系亲密，相互依赖、相互支持，从而为自己提供安全和保护。可是，有时候，明明很想对方，却表现出对他（她）无所谓，好不容易见到了思念中的他（她），说出来的不是甜言蜜语，而是一席冷言冷语，伤透了对方的心。这到底是为什么呢？

研究者发现，浪漫关系的质量与我们的依恋，即与抚养者的情感联系（如我们婴儿或幼年时期与父母的情感联系）的特征紧密相关。就像我们的父母一样，爱侣可以给我们一个安心的地方，在我们每每感到有压力时能够回到这里并感到舒适和安全。

安斯沃思（Mary Ainsworth）和她的学生创立了一种实验范式——陌生情境的技术，用以研究婴儿—双亲依恋。在陌生情境中，对 12 个月大的婴儿和他们的父母进行实验，系统地安排分离和重聚，界定了三种婴儿与抚养者的依恋形式。

安全型：在陌生情境中，当父母离开房间时大多数（约 60%）婴儿变得心烦意乱，但当父亲或母亲返回时，婴儿主动寻找父母，并很容易在父母的安慰下平静下来。

矛盾型：这些儿童（约 20% 或更少）最初会不安，在分离后会变得极为痛苦。而更重要的是，当重新与父母团聚时，这些儿童难以平静下来，并经常出现相互矛盾的行为，显示出他们既想得到安慰，又想"惩罚"擅离职守的父母。

回避型：这些儿童（约 20%）显得不会因分离而过于痛苦，并在重聚时主动回避与父母的接触，有时会把自己的注意力转向玩实验室地板上的物体。

基于这三种分类测量的结果，哈赞（Cindy Hazan）和谢弗（Phillip Shaver）发现，成人类型的分布情况类似于婴儿。换句话说，在成人中，约 60% 认为自己是安全型，约 20% 把自己描述为回避型，另有约 20% 把自己描述为焦虑—抗拒型。想要确定你是哪种形式的依恋模式，可以做知识卡片后面的小测验。

哈赞和谢弗指出，婴儿—照看者和成人恋爱伴侣具有一些共同的特征，如下。

·都会在另一方在身边和能够响应自己时，感到安全。
·都有亲密、私人性质的身体接触。
·当不能亲近另一方时都感到不安全。
·都与另一方分享自己的发现。
·都会抚弄另一方的面部，并都显示出相互间的迷恋和专注。
·都会进行"身体交谈"。

基于这些类似，哈赞和谢弗得出结论说，成人恋爱关系与婴儿—照看者关系一样，也是依恋，并且，浪漫的爱是依恋行为系统和动机系统的特征，这些系统产生出照顾行为和与两性相关的现象。既然这样，那么安全的依恋应该是我们发展亲密关系最好的模式。也有研究者发现了婴儿期的依恋类型和成人期依恋的关系模式之间的联系。安全型依恋者更容易接近别人，并且不担心变得太依赖别人或抛弃；逃避型依恋者建立亲密关系是困难的，他们更容易很快结束关系并且更容易发生没有爱情的一夜情；矛盾型依恋者不是很信任别人，他们有更强的占有欲和嫉妒心。

难道童年时与父母间的依恋模式决定了我们的爱情吗？令人欣慰的是，依恋模式并不是一成不变的，即使童年没有安全依恋的对象，在长大后，也可以被更积极的关系所替代。人们也有能力和不同的对象形成不同的依恋关系，比如和父母是不安全的，但和爱人是安全的。通过心理成长，必要时接受适当的心理咨询，逐渐成熟，对世界和他人的理解越来越多，慢慢建立起不同于早年的全新关系，修正和发展依恋模式，带着信任和伴侣一起成长，一起拥有安全型依恋模式。

（三）增强自尊，别打翻你的醋坛子

古龙说过："世界上不吃饭的女人或许会有几个，而不吃醋的女人却没有一个。"身处恋爱中的人常常产生莫名的嫉妒之心是人生常态，嫉妒是觉察到可能失去某人的专一的爱的一种恐惧，它可能变成亲密关系中的破坏因素。那么，究竟是什么原因导致了恋人的嫉妒呢，仅仅是因为一位充满魅力的情敌吗？

研究者对这个问题设计了很有意思的实验，并邀请图宾根大学的 52 名同学（女 24 名，男 28 名）来参与实验。

实验一中，研究者首先让被试完成了自己和恋人亲密关系状况的问卷，然后要他们回答"你感觉你的恋人之所以爱你，是因为他看重你身上的哪些特点和行为呢"，列出四个描述自我吸引恋人的特点或行为的句子。紧接着，让被试想象自己的恋人和别人约会，这个人具有他们前面所列举的所有特点，或者比自己还要好得多，或者比自己差得多。最后，让参与者评定自己的恋人对这个人的欣赏程度，并想象此时自己的感受。结果发现，当人们觉得自己和竞争对手很相似，而且竞争对手很优秀时，人们就会感受到很强的威胁。有趣的是，当想象的竞争对手根本不如自己时，参与者的嫉妒心也很强。这是为什么呢，按理说，如果恋人感觉到的竞争对手的魅力有高有低的话，嫉妒心的强弱也应该有所不同，但不管"情敌"魅力如何，人们体验到了很强的心理威胁。这种威胁是否不是源自"情敌"的魅力，而是源自个人的自我评价呢？研究者用随后的实验继续对此问题做出了考察。

实验二的程序和实验一大体相似：首先，让被试想象自己的恋人和别人约会，而且恋人也非常喜欢这个人，已经被对方的魅力所吸引。然后，让参与者将自己和这个竞争对手进行比较，并回答"你认为你的恋人有多大程度被对方所吸引"。紧接着，让他们回答一下自己对"情敌"的主观感受，如"你能很容易地想象出对手的具体行为和生活方式吗"，以及评定自我的自尊水平和嫉妒水平。最后，让参与者评判自己和竞争对手间的相似程度，以及"情敌"

对自己和恋人间关系的威胁程度。结果发现，嫉妒是人们自我评价高低的一面镜子，不管"情敌"对自己的恋人是否有吸引力，只要参与者还认为自己与"情敌"是相似的，他们就会感受到心理威胁，贬低自我并产生嫉妒。研究者认为，每个人身上都有恋人非常看重的独特品质，如果他知道恋人看重的这些品质在另外一个人身上也存在，并且自己的爱人已经跟这个人开始约会了，那么无论是恋爱中的男方还是女方，无论他（她）的"情敌"是否魅力超群，在这种情况下都会开始怀疑自己，自我贬低，并且"打翻醋坛"。

　　研究者发现自尊较低和没有安全感的人特别容易嫉妒。有时在他们的亲密关系没有受到威胁时也会想象出威胁来。爱嫉妒的人通常认为他们的伴侣令人极度着迷，反过来怀疑自身的吸引力或性感程度能否绑住对方。甚至最有安全感的人偶尔也可能感到嫉妒，但他们不会让这种感觉变得强烈到妨碍他们的创造功能或威胁到他们的关系。健康的关系不是建立在缺乏安全感的基础上，伴侣应该共同增强相互信任来加强安全感。有时，嫉妒是非理性的，伴侣并没有做任何威胁亲密关系的事情。嫉妒的人需要检视一下自己的想法和感情是否符合实际。

　　要怎么样克服嫉妒呢？研究者认为减少不安全感和更理性地考虑关系可以克服嫉妒。增强自尊可以减少亲密关系中的攻击性。

（四）让我们的爱天长地久

　　浪漫的爱情会一直持续下去吗？"七年之痒"的诅咒会不会兑现？就像电影《一声叹息》里张国立的台词所言："牵着你的手，就像左手牵右手没感觉，但砍下去也会疼！"伴侣在一起久了，感情会消退吗？针对这个问题，许多心理学家从不同的角度做了有趣的研究。

　　有研究者认为爱情既不是彼此的两情相悦，也不是肉体的彼此吸引，只是大脑中的腺体分泌。当男女陷入恋爱时，其大脑中的多巴胺、复合胺及睾丸激素会大量增加。尤其是多巴胺的水平在大脑的几个区域，包括和占有欲、上瘾有关的区域内激增。对于爱而言，多巴胺可称得上是决定性的激素。多巴胺在体内存在的时间一般在 2—3 年。因此，男女之间通常会觉得恋爱谈了 3 年，彼此间逐渐就没有激情了。现在，若知道这是多巴胺的因素，也就没什么可埋怨的了。他不再送花了，她也不再温柔似水了，他不再甜言蜜语了，她也不再精心装扮了……多巴胺逐渐消退，爱情也随之淡而无味起来。而男女在长相厮守时，多巴胺和睾丸激素会保持在很低的水平，而抗利尿激素和后叶催产素则会大量存在。没有这两种激素，想要相伴终生可能是天方夜谭。在日常的恋爱生活中，大多是在恋爱时多巴胺活跃，而在多巴胺逐渐消退时，男女双方步入婚姻，从而彼此体内的后叶催产素上升。两环相扣，婚后生活可以平稳幸福。若后两种激素始终无法增多，那么婚姻很有可能会四面楚歌。

读到这儿，你是不是有些失望？难道人跟动物没有什么区别了吗？浪漫的爱情真的就经不起时间的考验吗？研究者阿塞维多（Bianca Acevedo）和他的同事使用核磁共振技术探究了浪漫的爱情是否能够持续下去。

研究的被试是有长期稳定关系的情侣。在实验中，阿塞维多和他的同事给一方呈现其伴侣的照片，同时探测其大脑活动状况。有一部分人虽然和伴侣在一起很多年，但是他们在看伴侣照片的时候，仍然能够感受到恋爱初期的那种兴奋，早期热恋中的人的大脑某一区域会明显被激活。阿塞维多等的研究显示，持续 20 年仍然处于热恋状态的人和恋爱才几个月的人在这一区域的大脑活动是很相似的。研究结果也表明，长期保持恋爱关系的人在看到伴侣照片的时候，他的与平静、抑制痛苦有关的脑区显示出强烈的活动。而恋爱时间还不那么长的人在看到伴侣照片的时候，他的与困扰、焦虑有关的脑区有强烈的活动。

新的大脑与爱情的研究看起来也令人振奋：爱情是可以长相厮守的，婚姻并不是爱情的坟墓。研究发现，坠入爱河不久的人，其兴奋点体现在"负责沉迷与热望的大脑区域"；而结婚 20 多年的人则更多地利用"负责沉着冷静和抑制疼痛的大脑区域"。费舍尔（Helen Fisher）说，这表明，在长久的爱情中，"沉迷、狂热和热望"已经被"沉着冷静"取而代之。

但是，天长地久的爱情并不容易，需要我们小心维护，心理学家列出了长相厮守的十大要素。

- 保持亲密。通过拥抱、亲吻、牵手等方式，保持身体接触，增进亲密感。
- 互相支持。在对方需要帮助或支持时，给予鼓励、理解和帮助，共同面对困难。
- 保持沟通。定期交流彼此的想法、感受和需求，增进理解和信任。
- 保持独立。尊重对方的独立性和自主性，给予彼此足够的空间和自由。
- 保持浪漫。通过送礼物、写情书、安排约会等方式，保持浪漫和激情。
- 共同成长。一起学习、成长和进步，增强彼此的吸引力和共鸣。
- 互相尊重。尊重对方的意见、选择和决定，给予彼此足够的尊重和认可。
- 保持诚实。在关系中保持诚实和信任，不隐瞒或欺骗对方。
- 保持关注。关注对方的生活、工作和学习等方面，给予关心和支持。
- 保持感恩。感谢对方为关系所做的贡献和付出，珍惜彼此的爱情关系。

☀ 幸福实践

....

心理学实验

男女配对的真相

麻省理工学院著名经济学家艾瑞里（Dan Ariel）在其著作《怪诞行为学 2：非理性的积极力量》中讲述了一个非常有趣的"匿名的男女配对"实验[①]。

实验人员找来 100 位正值青春年华的大学生。男女各半。然后制作了 100 张卡片，卡片上写了从 1 到 100 总共 100 个数字。单数的 50 张卡片给男生，双数的 50 张卡片给女生。但他们并不知道卡片上写的是什么数字。工作人员将卡片拆封，然后贴在大学生的背后。

实验规则

·男女共 100 人，男的单数编号，女的双数编号。

·编号为 1—100，但他们不知道数字最大的是 100，最小的是 1。

·写了编号的卡片都是贴在背后，所以只能看见别人的号码，而看不见自己的。

·大家可以说任何话，但不能把对方的编号告诉对方。

·实验的要求是，大家去找一位异性配对，两者相加的数字越大，奖品也就越好，当然实验是有时间要求的。

·实验的奖品也比较实在，就是钱，而奖金的金额就是编号的总和再翻 10 倍。比如，49 号男生找了 50 号女生，那他们就可以拿到（49+50）×10=990 美元，但是如果 1 号男生找了 2 号女生，那他们只能拿到 30 美元。所以实验还是有点残酷的。

实验开始

由于大家都不知道自己背后的数字，因此首先就是观察别人，很快分

---

① 艾瑞里. 怪诞行为学 2：非理性的积极力量 [M]. 赵德亮，译. 北京：中信出版社，2010.

数高的男生和女生就被大家找出来了。

例如，99号男生和100号女生。

这两人身边围了一大群人，大家都想说服他们和自己配成一对。

但由于游戏规则，他们只能选择其中一个人，因此他们变得非常挑剔，他们虽然不知道自己的分数具体是多少，但他们知道一定是比普通人的要高。

为什么？看看围在自己身边的"狂蜂浪蝶"就知道了，从这些追求者们殷切的眼神中就能够看出来。

这些人是不是让你想起了学校里的"男神""女神"？他们要面对着众多的追求者，需要去处理众多的关系，主要的烦恼是如何从中选择一个分数最高的。

有人被追求，就一定有人被拒绝。而且低分的人，也同样被追求；高分的人，也同样要面对被拒绝。

那些被拒绝的追求者迫于无奈只能退而求其次，原本给自己的目标是一定要找"90+"的人配对，慢慢地发现"80+"也可以了，甚至"70+"或者"60+"也凑合着过了。

但那些数字太小的人就很悲哀了，他们要面对的主要烦恼是到处碰壁，到处被拒，被嫌弃。

最后他们想出来的办法无外乎两条路。

一是大家自己找个差不多的凑合凑合算了，比如5号和6号两人配成一对，虽然奖金只有110美元，那也好过没有。

二是和对方商量，如果你愿意和我配对，那么拿到奖金的时候就不是对半分，我愿意给你更多，比如三七分或四六分等，或者事后再请你吃饭，虽然请客吃饭花的钱肯定多过奖金数额，但是找不到人配对实在是太没面子了。

经过了漫长的配对过程，眼看时间就要到了，还有少数人没有成功配对，这些人没办法了，只能赶紧地草草找人完成任务。因为单身一人的话是拿不到奖金的。

最后的倒数阶段，没有配对的都胡乱找了个人。当然也有坚持不配对，单身结束游戏的大学生。

实验结束

心理学家发现，每个人都不知道自己的分数。但是绝大多数人的配对对象其背后的数字都非常接近自己的数字，换言之中国古人说的"门当户对"还是很有道理的。

从中我们还可以总结出很多经验：

·因为人太多地方太小，你并不可能跑去看每个人背后的数字。

·你只要看谁边上围着的人多，谁就是数字较大的人，而那些孤苦伶仃的人，肯定是数字小的，通过这个方法你可以立刻筛选出目标对象。

·小数字的人追求大数字的人一般都很辛苦，因为大数字的人要接受小数字的人总不是那么甘心，因此追求方要付出更大的努力才行，但更大的可能是你再怎么努力，对方也不理你。

实验启示

虽然这仅仅只是一个实验，但是反映的就是一个缩小的社会现实。我们每个人都会忍不住比较，这是潜意识里无可避免的东西。

当然，在现实社会中，很多东西无法使用实验中这样数字化的形式表现出来，但是每个人一定有自己的价值观。而每个人的价值观，从心理学上来说反映的是每个人各种需求的比重。而容易被忽视的地方还有，两个人能不能在一起，不在于自己的分数，而在于对方的评价分数。

现实婚姻远比实验复杂，因为每个人的评价体系一定是不同的，而且会随着时间、环境的变化而变化。

婚姻的本质就是一种利益交换，就像经济学里所有东西都可以量化，用等额的货币来取代，但是我们都是有感情有弱点的非理性动物。婚姻的神奇之处在于，这种利益交换有时候是不对等的，而让它不对等的原因，是我们所说的变量。这个变量叫"感情"。

测一测

我拥有什么类型的爱情？

想象空格处填入你深爱或关心的人的名字。然后按 1—9 排序，1= 根本不，5= 中等，9= 极度，在题前空格处填入最符合你实际情况的数字。

_____1. 我积极支持 _____ 的好生活。

_____2. 我和 _____ 拥有温暖的关系。

_____3. 我可以随时依靠 _____。

_____4. _____ 可以随时依靠我。

_____5. 我愿意与 _____ 分享我的一切。

_____6. 我从 _____ 得到相当多的情感支持。

_____7. 我给予 _____ 相当多的情感支持。

_____8. 我与 _____ 交流很好。

_____9. 我高度评价我生命中的 _____。

_____10. 我感觉与 _____ 很亲近。

_____11. 我与 _____ 有很融洽的关系。

_____12. 我感到我真正明白 _____。

_____13. 我感到 _____ 真的了解我。

_____14. 我感到我可以相信 _____。

_____15. 我与 _____ 充分分享关于我的隐私。

_____16. 仅仅看见 _____ 就使我兴奋。

_____17. 我发现自己这些天经常想起 _____。

_____18. 我与 _____ 的关系很浪漫。

_____19. 我发现 _____ 非常有个人吸引力。

_____20. 我总是美化 _____。

_____21. 我不能想象另一个人像 _____ 一样令我开心。

_____22. 我愿意与 _____ 在一起而不是别人。

_____23. 没有什么比我和 _____ 的关系更重要。

_____24. 我特别喜欢与 _____ 的身体接触。

_____25. 我与 _____ 的关系有一些特别的地方。

_____26. 我爱 _____。

_____27. 我不能想象生活中没有 _____。

_____28. 我与 _____ 的关系是充满激情的。

_____29. 当我看浪漫电影、读浪漫书时，我会想到 _____。

_____30._____ 令我魂牵梦绕。

_____31. 我知道我关心 _____。

_____32. 我承担与 _____ 保持关系的责任。

_____33. 因为我对 _____ 的承诺，我不能让别人站在我们俩中间。

_____34. 我对与 _____ 保持稳定的关系充满信心。

_____35. 我不能让别人阻碍我对 _____ 的承诺。

_____36. 我期待对 _____ 的爱能持续我的后半生。

_____37. 我经常感到对 _____ 的强烈的责任感。

_____38. 我认为我对 _____ 的承诺是坚固的。

_____39. 我不能想象结束与 _____ 的关系。

_____40. 我确定对 _____ 的爱。

_____41. 我认为我与 _____ 的关系是永久的。

_____42. 我认为与 _____ 的关系是一个好的决定。

_____43. 我感到对 _____ 的责任感。

_____44. 我决定继续对 _____ 的关系。

_____45. 甚至当 _____ 难以相处时，我仍然坚持我们的关系。

评分

加总得分，对应爱情的三个类型：1—15（亲密），16—30（激情），34—45（承诺）。

解释

下面是一组结婚或有亲密关系的女人和男人的平均得分（平均年龄为31岁）。

亲密	激情	承诺	百分位数
93	73	85	15
102	85	96	30
111	98	108	50
120	110	120	70
129	123	131	85

第四栏（百分位数）表示了得分在那个水平或以上的成人的百分数。因此，如果你的亲密得分是122，那么你的亲密度比在此平均70%的成人要好。

我的依恋类型是什么？

请仔细阅读下列三段文字，并指出哪段内容最好地描述你与其他人亲近的感觉？在段前打上记号。

＿＿＿ 我发现与别人亲密并不难，并能安心地依赖别人和让别人依赖我。我不担心被别人抛弃，也不担心别人与我关系太亲密。

＿＿＿ 与别人亲密令我感到有些不舒服；我发现自己难以完全信任他们，难以让自己依赖他们。当别人与我太亲密时我会紧张，别人想让我更加亲密，这使我感到不舒服。

＿＿＿ 我发现别人不乐意像我希望的那样与我亲密。我经常担心自己的伴侣并不真爱我或不想与我在一起。我想与伴侣关系非常亲密，而这有时会吓跑别人。

解释

选择第一项很有可能意味着你拥有安全型依恋模式。

选择第二项很有可能意味着你拥有逃避型依恋模式。

选择第三项很有可能意味着你拥有矛盾型依恋模式。

练一练

抱一抱

心理学家萨提亚曾经说过：我们每个人每天都需要 4 次拥抱来存活，8 次拥抱来维持生活，12 次拥抱来成长。

婴儿房的故事说明了抚摸和拥抱的重要性。

在一家医院里面，一部分婴儿房的婴儿发育状况总是比其他房间的婴儿要好。通过长期跟踪研究也可以证实，这部分婴儿在认知能力、健康状况方面要比其他婴儿发育得好很多。人们感到很纳闷，并提出过各种各样的猜测：可能是空气、地点的原因，但是所有的条件都是相同的啊，婴儿们吃着相同的东西，得到的是同样的照看。为什么会有这样大的差别呢？

其中有一个医生很想了解其中的奥秘，于是就定时观察那个房间。在一天夜里，他发现有一个护士正在那个房间里面一个一个地抚摸着孩子，并和他们说话。这项意外发现使研究人员注意到抚摸是多么的重要。

此后，这个房间的孩子每天都会被抚摸 45 分钟，结果这些孩子比其他没有被抚摸的孩子多长了 74% 的体重。一年之后，这些孩子在身体及认知能力各方面都有着更好的发展。

本－沙哈尔对抚摸和拥抱的重要性也深信不疑，并且极力将这个方法推荐给他的学生："就从现在开始，每天至少拥抱 5 次，当然最好是 12 次。"

研究表明，当我们与他人拥抱时，下丘脑会分泌被称为"爱的激素"的神奇物质——催产素，它是我们的大脑发出的"安全"信号，提示我们放下警惕和戒备。紧接着，拥抱会刺激皮下压力传感器，从而激活我们大脑中一根最长且分布最广的神经——迷走神经，而当迷走神经处于兴奋状态时，脑神经和身体肌肉都会放松下来，我们的心跳、脉搏和血压也会趋于平缓，随之体内被称为"压力激素"的皮质醇水平会显著下降，这意味着压力导致的紧张、焦虑、担忧等一系列负面情绪会得到缓解。不仅如此，当皮质醇水平出现下降时，免疫系统会生成更多的白细胞来应对随时袭来的病毒和细菌。

在恋爱关系中，由于体内催产素水平的持续上升，我们会给予对方"最高级别"的信任，也因为这种具有独特意义的肢体接触，我们更有可能感受到一种独特、深刻的情感联结。而拥抱的频率越高，恋人们精神上的"重叠度"也越高，两个人会越来越契合，也会更多地以"我们"为单位来思考这段关系。

拥抱作为最简单直接提升情侣间感情联结的神器，可以发生在任何时间、任何地点。虽然拥抱没有固定的"打开方式"，但是如果你想得到一个更高质量的拥抱，这里或许有一些真诚的建议：

尽量抱得久一点。5—10秒的拥抱感受最好，而超过20秒的拥抱可以充分激发催产素的分泌。

增加抚摸。可以进一步增加亲密度。

用力地拥抱。拥抱时适当地挤压可以更好地激活我们皮肤深层的皮下感受器，更有效地增加关系。

最后，提醒大家：在拥抱和抚摸他人时，我们要尊重对方。

第八章　积极意义：通往幸福

一个人知道自己为什么而活，就可以忍受任何一种生活。

——尼采

被"空心病"困扰的年轻人

2023年2月2日，经过106天搜救之后，备受关注的胡鑫宇事件公布调查结果——死于自杀。一位15岁的少年为何会用如此残忍的手段结束自己的生命呢？他在自杀的那一刻在想些什么？一段胡鑫宇生前的录音被公布出来："真站到这里反倒是有点紧张了，心脏在狂跳，说实话没有理由，只是觉得没意义，如果真跳下去了会怎样？不确定。跳下去了应该也没人发现，现在至少不会被发现，以后过了几天肯定还是会被发现的，刚刚又不跳，哎，我真的是想跳，不想，我应该是不想。"胡鑫宇在与同学的交谈中也多次提道，"人活着真没意思""我的存在是否已经没意义"，还经常说一些否定自己、贬低自己的话。

实际上，胡鑫宇长期受"空心病"的折磨，一种比抑郁更严重和难受的感觉。"空心病"是北大心理中心副主任徐凯文教授提出的，更准确的说法是"价值观缺陷所致心理障碍"。最普遍的现象就是像胡鑫宇这样，找不到自己——不知道自己为什么要学习，为什么要活着，活着只是按照别人的逻辑活下去而已，到了最极端的状态，就是放弃自己。

"空心病"看起来像是抑郁症，情绪低落，兴趣减退，快感缺乏，常常被诊断为抑郁症。但比抑郁症更为可怕的是，所有的药物都无效。他们会有强烈的孤独感和无意义感，有强烈的自杀意念。他们不是想要去死，而是不知道为什么要活着。

大学生中也常常有学生言语中透露出"空心"。

"我感觉自己在一个四分五裂的小岛上，不知道自己在干什么，要得到什么样的东西，时不时感觉到恐惧。19年来，我从来没有为自己活过，也从来没有活过。"

"学习好、工作好是基本的要求，如果学习不好，工作也不够好，我就活不下去。但也不是说因为学习好、工作好了我就开心了，我不知道为什么要活着，我总是对自己不满足，总是想各方面做得更好，但是这样的人生似乎没有头。"

他们共同的特点就是：我不知道我是谁，我不知道我到哪儿去了，我的自我在哪里。我觉得我从来没有来过这个世界，我过去10多年、20多年的日子都好像是为别人在活着，我不知道自己要成为什么样的人。而造成这些表现的最主要原因是：缺乏支撑其意义感和存在感的价值观。

世界卫生组织发布的《2019年全球自杀状况》显示，在15—29岁的年轻人中，自杀是继道路伤害、肺结核和人际暴力之后的第四大死因，全年死于自杀者超过70万人。

米兰·昆德拉的小说《不能承受的生命之轻》从哲学意义上探讨了生命的责任和意义，"最沉重的负担同时也成了最强盛的生命力的影像。负担越重，我们的生命越贴近大地，它就越真切实在。相反，当负担完全缺失，人就会变得比空气还轻，就会飘起来，就会远离大地和地上的生命，人也就只是一个半真的存在，其运动也会变得自由而没有意义。那么，到底选择什么？是重还是轻"。人生责任和意义是一个沉重的负担，却也是最真切实在的，解脱了负担，人变得很轻，离开了地面，一切将变得毫无意义。当那一个个年轻生命选择停止绽放时，当我们的世界患抑郁症人数突飞猛涨时，当越来越多人体会不到活着的快乐时……他们可以斥责社会的冷漠，可以归咎于生活压力太大，可以怪各种体制的不完善，但有一点他们是共同的，那就是对生命及其意义缺乏认真的思索和透彻的理解。因此，生命意义的探寻显得格外重要。

一、生命及生命的意义

（一）生命是什么？

"生命是什么？"这是一个简单却又复杂的问题，之所以说它简单是因为我们可以列举出很多有生命的东西来，说它复杂是因为对于这个问题有着各种各样的答案——"灵魂""新陈代谢""原生质""遗传与变异""自我复制""突变、复制及遗传""物质、能量和信息""所有能呼吸的东西"。生物学对生命的定义是"生命主要包括：新陈代谢、生长、发育、遗传、变异、感应、运动等。生长和发育是生命发展的基本过程，而新陈代谢则是生命的最基本的要素，是其他一切生命现象的基础"。

（二）人的生命

作为一个社会人，毫无疑问，它属于生命这个大命题，那么人的生命跟普通的生命有什么不同呢？我们会思考、有我们自己的语言、有行为的动机、会有七情六欲，这些都属于心理活动；我们人与人之间有着各种关系，如家庭关系、生产关系、政治关系等，在各种关系中，承担着某种社会责任，这是人社会性的一面。可以说人的生命由三个要素构成，即形体、心理（精神）和社会性。生命存在三种活动：生理活动、心理活动和社会活动。

（三）生命的意义是什么？

1. 为什么要追寻生命的意义？

小时候，我们就有着很强的好奇心，我们会不断地追问父母和老师，为什么星星会发光？为什么云会变成雨降落下来？为什么太阳会从东方升起？为什么毛毛虫会变成蝴蝶？大人们绞尽脑汁给我们各种各样的答案，可是我们还是会不断地问，答案本身对我们来说并不重要，重要的是那个充满好奇心的"为什么"。

现在，我们还是会对很多事情产生更多的"为什么"。为什么我要选择读研？为什么我要这么辛苦地工作？为什么要努力升职？为什么挣钱买车买房子？随着时间的迁移，答案也丰富起来，似乎永远也找不到唯一而简单的答案。有一个问题可以让所有人停止继续追问"为什么"，这就是"为什么要追寻生命的意义"。

答案其实是简单而肯定的。我们追寻生命的意义，因为对生命意义的追求是人类最大的动力。

弗兰克尔（Victor Frankl）是一位一生都致力于研究人的生活意义的欧洲精神病学家。他开创了存在主义分析治疗法，也就是"意义治疗法"或"应用生活意义来治疗"。弗兰克尔认为，我们之所以与其他动物不同，是因为我们会寻求生活的意义。寻求生活意义正是我们得以发展的最基本的动力。人类可以选择为他们的理念和价值而生活，甚至会选择为这种理念去死。弗兰克尔指出"一个人左右的东西都可以被夺走，除了一样：人类的最后一个自由——他可以选择在任何特定情况下的态度，选择他面对的方式"。他认为"产生心理问题的根源在于来访者对生命意义的迷失"。他在《追寻生命的意义》一书中，详细而真实地记叙了他的集中营经历，那里面的生活之艰难是我们无法想象的，正如他自己所写："对于集中营的生活，局外人很容易抱有一种错误的观点，一种混杂着同情和怜悯的观念。对于发生在囚徒中间的残酷的生存斗争，他们知之甚少。这是一场为了生计，为了生命，为了他自己，或者为了他朋友而展开的无情的斗争。"在那艰苦的环境中，囚禁于集中营中的人们靠的就是各种不一样的生命意义来支撑自己的生命，跟那随时降临的死亡做斗争，哪怕是为了见上自己的亲人，为了向外人揭露集中营中的生活……正如黑格尔曾说过："那些知道为了什么而活的人几乎可以承受任何磨难。"而生活的无意义导致空虚和空洞，或是弗兰克尔所认为的"存在的虚无"。当人们感受到生命虚无的桎梏时，他们会退缩，而不会努力去创造有目的的生活。确定自己的生命意义及价值与人们生活各方面有着很密切的联系，心理学家的研究证明，有着确定生活意义和目标的人，更容易取得成功，他们更容易与周围环境融洽地相处，人际关系更好。

2. 意义是什么？

一个好奇的人在知道为什么时，总还会有新的想法。会从问不完的"为什么"转到"是什么"和无穷无尽的"怎么样"。"生命的意义是什么""如何才能使生命有意义"又成为我们关注的焦点。

《生活》杂志的编辑，曾对生活在各行各业的人进行了大规模的关于"生活的意义是什么"的问卷调查。这些不同的看法为我们提供了理解生活的不同途径。当你阅读下面的想法时，想一想哪种观点和你自己的价值观最接近。

• 我们认为我们就是造物主的形象，我们必须尽可能地发挥自己的人生潜力，去思索上帝的伟大和他的爱，并为他增加荣耀。这就是我们来到世上的原因，也是我们生活的意义。

——南非民主权利领袖德斯蒙德·图图

• 生活的意义是和所有其他的生物和谐相处，保持平衡。我们必须努力了解所有生物之间的相互关系，并认识到人是地球上其他生命的保护者，我们还要认识到自己在所有生物中的微不足道。

——切罗基族酋长威尔玛·曼奇勒

• 我认为生活的意义每一天、每一秒都在变化着。我们来到人世并认识到我们可以创造世界，并能够选择创造一个什么样的世界。而如果我们选择的话，这个世界可以是天堂，也可以是地狱。

——艾滋病积极人士、演讲家托马斯·伊奥·康那

• 自从 2 岁我就开始了认识生命意义的生活了，应该说这个答案每一周都是不同的。当我知道答案时，即我确切地知道，而且我也能够意识到自己知道这一答案时，我发现其实自己什么答案也没有。我用自己生命中70% 的时间得出了这样一个结论，生活是一个伟大的设计。

——作家、女演员玛雅·安吉鲁

• 我认为作为人类，我们必须努力和这个星球及其所有生命保持和谐的关

系。如果我们实现了这种和谐，我们就实现了最丰富的人生。

——女权主义者莫莉·亚德

- 我认为我们的人生应该多做好事。每个人都有责任去做一些有价值的事情，去使这个世界比以前更加美好。生活是一份礼物，如果我们接受它，我们就必须给予回报，当我们无法做到这一点时，我们也就无法找到生活的意义了。

——产业家、医生、独立外交家阿曼德·哈曼

- 人类生活的意义在于实现我们的精神进化，消除否定面，在我们的生理、情绪、智力和精神方面，建立起和谐的关系。学习和家庭、社会、国家、整个世界乃至所有生物和睦相处，对待所有的人如同兄弟姐妹——从而最终使我们的地球有可能实现和平。

——精神病学家、作家伊丽莎白·库布勒·罗丝

生活的意义是什么？不同的人会有不同的答案。让我们来看看普通人对生活意义的回答吧！

"好好活着就是有意义，有意义的事就是好好活着。"

"生活的意义是创造完美。"

"做自己喜欢的工作，得到社会的承认。"

"生活的意义最重要的是扮演好自己的角色。人生就像一场戏，有戏就有舞台，有舞台就有角色，要么主角，要么配角，不管你做出怎样的选择，都应该充分发挥你自己的潜能，演好自己的角色，无需强求，和睦相处，和谐发展。"

"生活的意义在于用一生去赋予它一个崇高的意义，挖掘自己的潜能，将自己的潜能最大限度地发挥出来，朝着实现自我价值的方向前进。"

"活出精彩的自己。为自己一生负责。当岁月催人衰老的那一刻，回味在脑中依旧浮现的成就，感受曾深深触动我们的种种细节。"

你的生活意义是什么？你能用几句简单的话来回答这个复杂的问题吗？

人生的意义的确定并不是我们在青春期所能实现并从此一成不变的。只要我们活着，我们就在不断地发展自己的人生观。只要我们能保持好奇心和学习新事物的能力，我们就能不断地修正和重建我们对世界和生命的看法。在思索自己的生活意义的过程中，可以通过问自己这些问题来寻找答案："对目前的生活，我最想说的是什么？""如果我能对自己的生活加以改变，我会怎么样？""我最喜欢自己的地方是什么？"正如马斯洛说的："人如果不能时刻倾听自己的心声，就无法明智选择人生的道路。"可以经常找时间独处，倾听自己的心声，思索人生。

3. 弗兰克尔生命意义观

弗兰克尔认为"人们活着是为了寻找生命的意义，这也是人们一生中被赋予的最艰巨的使命"。他深信每个人都可以找到属于自己的生命意义，但是生命的意义在每一刻都是不同的，那么如何找到生命的意义呢？弗兰克尔在《追寻生命的意义》中给出了三条路径。[1]

第一，在创立某项工作或从事某种事业中寻找生命的意义。

如果在目前的工作中找不到生命的意义，那么不妨换一份自己喜欢并且能够获得成就感的工作，很快你就会在工作中发现生命的意义。这种方法能让人获得成就或成功，其意义显而易见。

第二，从体验某种事情或面对某个人中来寻找生命的意义。

爱是直达另一个人内心深处的唯一途径。只有在深爱另一个人时，你才能完全了解另一个人的本质。

通过爱，你才能看到所爱的人的本质特性，甚至能够看到他潜在的东西，即他应当实现而尚未实现的东西是什么，从而使他意识到自己的潜能，帮助他实现生命的意义。家人或是伴侣，因为深爱对方，才更知道对方的软肋，知道他在哪些方面有潜能，哪些方面有待改进。而我们能做的就是努力让对方意识到他的潜能与不足，帮助他找到生命的意义。比如伴侣之间就可以相

---

① 弗兰克尔. 追寻生命的意义 [M]. 何忠强，杨凤池，译. 北京：新华出版社，2003.

互鼓励，彼此成长，共同进步。

因为爱，你可以使对方意识到他能够变成什么样子，从而帮助他做出改变和完善。爱是相互的，彼此帮助对方不断地完善，两个人会变得越来越好。因此积极勇敢地面对你深爱的那个人，在与他相处的过程中，你就可以找到生命的潜在意义。

第三，从忍受苦难中寻找生命的意义。

这并不是说要发现生命的意义，痛苦是不可或缺的。如果痛苦是能够避免的，那么消除它的原因才是有意义的事，因为遭受不必要的痛苦与其说是英雄行为，不如说是自虐。但是如果你不能改变造成你痛苦的处境，那你需要采取何种态度呢？

弗兰克尔向我们讲述了一个残疾人的故事。杰里朗在 17 岁时因一场车祸造成脖子以下高位截瘫，但是 3 年后他却能够用嘴叼着笔写字。他还竭尽所能学习社区大学的课程并参加课堂讨论，并且还花了大量时间阅读、看电视和写作。一直以来是他的座右铭激励着他："我虽然折断了脖子，但我没有被生活打倒。我相信，残疾只会增强我帮助他人的能力。我知道，如果没有那场灾难，我是不可能取得这样的进步的。"残疾不是杰里朗选择的，但他选择了不让厄运摧垮自己。即使是处于绝境的无助受害人，面对无法改变的厄运，仍能自我超越，并且以此改变自己。

苦难本身毫无意义，但我们可以通过自身对苦难的反应赋予其意义，展示最为强大的人性。生命就是责任，在勇敢接受痛苦的挑战时，生命在那一刻就有了意义。

4. 人本主义自我实现的意义

人本主义心理学兴起于 20 世纪五六十年代的美国。由马斯洛创立，以罗杰斯为代表，被称为除行为学派和精神分析以外，心理学上的"第三势力"。人本主义和其他学派最大的不同是特别强调人的正面本质和价值，而并非集中研究人的问题行为，并强调人的成长和发展，称为自我实现。

（1）需要层次

人本主义心理学的主要发起者马斯洛的需要层次理论认为，个体成长发展的内在力量是动机。而动机是由多种不同性质的需要组成，各种需要之间，有先后顺序与高低层次之分；每一层次的需要与满足，将决定个体人格发展的境界或程度。

生理需要（physiological need）：生存所必需的基本生理需要，如对食物、水、睡眠和性的需要。

安全需要（safety need）：包括一个安全和可预测的环境，它相对地可以免除生理和心理的焦虑。

爱与归属的需要（love and belongingness need）：包括被别人接纳、爱护、关注、鼓励、支持等，如结交朋友、追求爱情、参加团体等。

尊重需要（esteem need）：包括尊重别人和尊重自我两个方面。

自我实现需要（self-actualization need）：包括实现自身潜能。

（2）自我实现

自我实现是马斯洛需要层次理论的核心。他认为可以将其"定义为不断实现潜能、智能和天资，定义为完成天职或称之为天数、命运或禀性，定义为更充分地认识、承认了人的内在天性，定义为在个人内部不断趋向统一、整合或协同动作的过程"。马斯洛认为，机体都有一种内在的趋向，即维持和强化机体活动，开发其潜能。个人发展潜力的最终目标是自我实现。马斯洛对自己的学生进行抽样调查，并对著名人物，如贝多芬、歌德、爱因斯坦、林肯等进行个案研究，概括出了自我实现的人所共同具有的人格特征：

- 对现实更有效的洞察力和更适意的关系。
- 对自我、他人和自然的接受。
- 行为的自然流露。
- 以问题为中心。
- 超然的独立性：离群独居的需要。

- 自主性：对文化与环境的独立性；意志；积极的行动者。

- 体验的时时常新。

- 社会感情。

- 自我实现者的人际关系。

- 民主的性格结构。

- 区分手段与目的、善与恶。

- 富有哲理的、善意的幽默感。

- 创造力。

- 对文化适应的对抗。

（3）高峰体验

高峰体验是自我实现的短暂时刻，只有在生活中经常产生高峰体验，才能顺利地达到自我实现。

马斯洛在阐述高峰体验时认为："这种体验是瞬间产生的，压倒一切的敬畏情绪，也可能是转瞬即逝的极度强烈的幸福感，甚至是欣喜若狂、如痴如醉、欢乐至极的感觉。"许多人都声称自己在这种体验中仿佛窥见了终极的真理、人生的意义和世界的奥秘。人们好像是经过长期的艰苦努力和紧张奋斗而达到了自己的目的地。

"这些美好的瞬间来自爱情，和异性的结合，来自审美感觉，来自创造冲动和创造激情，来自意义重大的领悟和发现，来自女性的自然分娩和对孩子的慈爱，来自与大自然的交融……"

这种高峰体验可能发生于父母子女的天伦情感之中，也可能在事业获得成就或为正义而献身的时刻，也许在饱览自然、浪迹山水的那种"天人合一"的刹那。

从人本主义心理学的观点来看，生命就像一座宝藏，每个人都有其自身的价值，认识和实现自身的价值，才是快乐的源泉。要始终相信自己，不管遭遇怎样的挫折，都要努力寻找自己，能够成功的自己就会快乐，个性的成熟就是快乐，能够做自己想做的事就是快乐。

二、如何避免非正常死亡

死亡，这个主题令人有些恐惧和压抑，但对于死亡和失去的诚实了解和接受，会为实现充实而有意义的生命奠定基础。如果我们能认识到自己只剩下有限的生命了，我们就能更好地利用时间，来做人生最后阶段的选择、思考生命的意义。

（一）死亡是什么？

对于死亡，我们熟悉且陌生，说熟悉是因为，我们会通过报纸、网络等媒体了解到一些人死亡的消息；说陌生是因为，我们还如此年轻，从未想过死亡离我们自己有多远。生物医学中对死亡的定义是："身体机能、脏器、器官及所有生命系统的永久的、不可逆的停止功能。"心理学认为"死亡是个体心理活动的停止。没有感觉、没有意识、没有行为"。

在社会学中，死亡指人类有意义生命的消失，没有思想、没有感觉。

死亡有几个显著特征：死亡是不可抗拒的，当人的生命到达了一定的极限，各种机能都退化了时，伴随而来的便是死亡，这不是我们用医学的办法能逆转过来的；死亡有着必然性，人固有一死，长生不老的美好愿望只存在于神话故事中；死亡也有着偶然性，这种意外是让我们为之伤心和遗憾的，车祸、空难、各种天灾等会夺走无辜的生命。

（二）死亡的意义

致力于死亡研究的罗斯（Elija Ross）说过："死如同生一样，是人类存在、成长及发展的一部分，它赋予人类存在的意义，它给我们今生的时间规定界线，催迫我们在我们能够使用的那段时间里，做一番创造性的事业。"古希腊斯多葛哲学的名言是"如果你想学习如何生活，请思考死亡的意义"；塞涅卡

（Lucius Seneca）主张"除非在他面对死亡时，没有人能真正理解到生命的真谛"；奥古斯丁（Sanit Augustine）认为"只有当他在面对死神之时，其本性才会流露"。这些无不道出了死亡的意义。

生命和死亡是同一个事实的两个方面。理解死亡，是理解生活和生命的一种形式，反之亦然。如果我们无法面对和思考死亡，我们的生活能力也就会被削弱。接受死亡并不是一个恐怖的主题，因为它可以使我们重新认识到自己的目标，并帮助自己找到人生更深层的意义。

存在主义者认为，接受死亡对探索生命意义和生活目标至关重要。作为人类，我们的显著特征之一就在于，有能力掌握对未来的概念，也包括对不可避免的死亡的概念。这样做能使我们的每个行动和每段时间都有价值，从而使我们实现自己存在的意义。

心理学家考利（Gerald Corey）在著作《幸福可以选择》中告诉读者，重新审视自己的生命目标的方法之一就是去想象一下你的死亡，包括你的葬礼细节，和葬礼上别人会对你说些什么。试着为自己写一份悼词或讣告。这是总结你对自己一生的看法，和检验你所希望进行的生活的一种有力做法。实际上我们建议你为自己写两份悼词，在第一份里写出你真实的生活；在第二份里写出你最希望的内容，表现出你目前生命中所有积极的方面。完成这两份悼词后，在你的日记中写下你的感受和你从中学到的东西。你是否已找到任何具体的方法，来使目前的生活变得更加充实而有意义？思考一下你该怎样去过那种你最希望会在悼词中描述的生活。另外，你还可以把你的悼词装进信封里收藏一年左右，到那时你可以再重复写一份悼词，并和以前所写的进行比较，看看你对自己的生活的看法都发生了什么变化。

（三）非正常死亡的预防

《大不列颠百科全书》简单地将自杀定义为"有意或者故意伤害自己生命的行为"，这个定义强调个体自杀前的心理动机。

心理学家总结出了一些导致青少年自杀的危险因素：

• 家庭变故；

• 与同学或朋友绝交；

• 自己敬爱的人或对自己有重要意义的人死亡；

• 恋爱关系破裂；

• 与他人的纷争及丧失；

• 发生违法违纪事故；

• 受到同学排斥、孤立；

• 受人欺负或迫害；

• 学习成绩不理想或考试失败；

• 在考试期间承受过多的压力；

• 经济困难等。

如果身边的亲人和朋友经历了上述事件，我们要用心去关爱他们，给他们温暖，用这种方法来排解事件对他们的打击；假如你自己经历了上述不幸事件，更应该好好地开导自己，向身边的亲人朋友倾诉，获得精神上的支持，如果觉得还是无法摆脱痛苦，可以向心理学家寻求专业的帮助。

尽管许多人在自杀前不会表露出这种真实的意图，但通常还是会在某些方面表现出一种征兆。下面是一些可能的征兆：

• 产生自杀的念头和凶兆；

• 以前的自杀性行为和念头；

• 潜意识里有死亡的观念，包括谈论无助和失望的感受；

• 放弃自己珍惜的东西；

• 讨论自杀的具体方式；

• 消沉、孤立和脱离朋友，脱离家庭；

• 行为和性格突然发生巨变；

• 突然开始井井有条地安排自己生活中的事；

• 在经历了一段时间明显的上述特征之后，突然表现出冷静和平和。

我们应该严肃地考虑这些征兆，并对有这种征兆的人采取一些干预，以帮助他们改变这种可怕的念头。

那些企图自杀的人通常感到，他们的生活是一个通向死亡的漩涡，但他们同时又感到自己没有别的选择，他们只是不想再继续这种痛苦的生活模式。其实毫无疑问地，他们完全可以换一种不同的方式去生活，但是他们就像走入了死胡同，根本看不到别的路。

结束一个生命是一种强有力的举动，而它所潜含的情感信息和象征性信息也同样是强有力的。

• 一种需要帮助的呐喊："我在呐喊，却无人倾听！"
• 一种自我惩罚的形式："我不值得活下去。"
• 一种敌视的行为："我要用结束生命的方式来报复你，看你能怎么样。"
• 一种试图控制对方和向对方施加影响的方式："我要让那些排斥我的人一生都感到不安。"
• 一种引人注意的努力："这样可能别人就会开始讨论我，并为曾经对待我的方式而感到歉意了。"
• 一种从极端糟糕的状态中的解放："生活压力太大了，我觉得厌倦。"
• 一种对困难和不可能的状态的逃避行为："我讨厌生活在一个吵闹的家庭，看来死亡是结束这种生活的一种方式。"
• 一种从绝望中得到解放的行为："我找不到摆脱这种绝望的方法，结束自己的生命可能是更好的决定。"
• 对痛苦的结束："我遭受了巨大的痛苦，而且这种痛苦是没有尽头的，自杀可以结束这种痛苦。"

人可以有结束自己生命的权利吗？这是一个看似简单却难以回答的问题。

有些人认为自杀是一种逃避，是不愿意去奋斗，或者对其他可能性的放弃。我们必须为使自己的生命充满意义而做好理智的决定。

三、怎样使生活有意义

（一）设定目标

也许你曾经也有过这样的经历，你决定这学期通过英语六级考试，有了这个目标，你有了一系列的决定，每天要背英语单词，牺牲了很多娱乐和运动的机会，在中途也会有不想学习的时候，但是你会努力地说服自己：我要坚持，实现目标之后，我会很高兴，这样我可以去好好地逛街，去看电影，那时候我可以尽情地放松。坚持到考试结束，你感觉结果还不错，于是想起考前对自己的承诺，考完要好好地犒劳自己，兑现承诺后，接下来的日子，会突然感到很空虚，不知道该干什么了，甚至怀念起那段准备考试的日子来。你可能会感慨，原来目标并不是最重要的，重要的是目标是什么，以及自己在其中扮演的角色。

1. 目标的正确作用

不知道大家有没有听说过这样一则故事，讲的是一位年轻人和老僧人爬珠穆朗玛峰，年轻人体力很好，刚开始就把注意力放在尽快登上山顶上，马上超过了老僧人；老僧人优哉地慢慢爬着，很享受爬山的过程，像在公园里漫步般悠闲。年轻人由于急着登上山顶，总是被山路所影响，最终失去了攀登的愿望和勇气；老僧人却始终轻松愉快地享受着他的旅途，而不被前面的山路所困扰，最终顺利地到达了山顶。

想想，在生活中，你是年轻人还是老僧人呢？

目标的作用是给我们一个实现自我的指针，就像航行在大海上的人的罗盘，然而却不应该成为我们的全部关注点，这样会忽视路边的风景，无法享受旅途本身和途中美丽的风光，很容易被困难和障碍吞噬。心理学家沃森

（David Waston）强调了过程的重要性："追求目标，而不是到达目标，才是带来幸福和积极情感的要素。"要想使生活有意义和充实，我们可以把目标当作一种意义，可以加强我们追寻过程中的快乐和动机，而不是把它当成一种结局，认为只有实现目标后我们才会开心。

2. 自我和谐的目标

是不是所有正确的目标都会给我们带来快乐和意义呢？

本－沙哈尔被哈佛学子誉为"最受欢迎讲师"和"人生导师"，他所开设的"积极心理学"（哈佛幸福课）被哈佛学生们推选为最受欢迎的课程。他在《幸福的方法》一书中提出了"自我和谐的目标"。

这个提法源于希尔顿（Kennon Sheldon）和同事们的研究："对于追求幸福的人来说，我们的建议是，去追求包括成长、人际关系和对社会有贡献的目标，而不是金钱、美丽和声望，对后者的追求，通常是出于不得不和压力的心态。"虽然大部分的人都在追求名望、魅力和金钱，可能有的时候还是被迫，但是希尔顿却指出，如果我们可以把目标重点放在自我一致性（自我和谐）上的话，我们则可以更快乐。

本－沙哈尔认为："自我和谐的目标，乃是发自内心最坚定的意识，或是最感兴趣的事情。这些目标既可以'整合自我'，也可以自我直接地选择。这些目标必须是被主动选择，而不是被加附在我们身上的；是产生于散发自我光辉的愿望，而不是为了去炫耀给任何人看。这些目标是有因果关系的：追求这些目标，不是因为他人觉得你应该这么做，或是因为责任感，而是因为它对我们有深层的意义，并且带给我们快乐。"

本－沙哈尔在书中提到过一项名叫"美国梦的黑暗面"的研究，说明如果在生命中只以追求财富为目的的话，带来的只有负面的后果。那些只追求财富的人，通常也没办法充分地发挥他们真正的潜能。他们比其他人更有压力，更容易沮丧和焦虑。

3. 正确地设定目标

虽然自我和谐的目标可以带来很多好处，却不容易设定。希尔顿曾提到，选择自我和谐的目标是"很难的技巧，需要正确的自我认知能力，还要有强大的自制力，因为社会影响和压力经常让我们做出错误的选择"。我们首先必须知道我们的生命需要什么，然后诚实地面对自己的愿望并且对它负责。

日常生活中有很多事情，不同的追求者有着不同的目的，同样是通过英语六级考试，有的人是出于对英语的兴趣，有的人则是出于为毕业找工作增加筹码。学习心理学，有的人是因为这门学科可以帮助他人幸福而学，有的人则是因为认为当个心理医生收入和社会地位都很高才学。现实生活中的很多事情都包含着内在和外在动机。一个因为外在压力而学习心理学的人，是无法从学习过程中得到长久的快乐的；相反，一个因为内在兴趣爱好而学习的人，他会体会到学习的意义和助人的快乐。用本－沙哈尔的话来说，如果是内在的，那便是想做的，如果动力来自外部因素的话，那变成不得不做的事了。我们的挑战，不是要完全删除不得不做的事情，而是尽可能地减少它们，然后以想要做的事情取而代之。

想象一下平时的一天。记录下哪些事情是你自己想要做的，哪些是不得不做的？你是不得不做的事情多呢还是自己想要做的事情多？想想怎么样才能将不得不做的事情减少或者转化为想做的事情。想想什么事情才是你最想做的，什么事情能带给你充实和意义。

本－沙哈尔用四个同心圆来确定他最有意义、最幸福的选择。在四个同心圆中，在最中心的那个圆代表他最幸福的选择。

最外围的圆是我们能做的。最中心的圆所包含的，是我们最深的渴望和欲望。我们不一定会实现我们最深的期望，因为通常都会有不可控因素存在，但认真倾听我们的内心，做出心底的答案，可以使我们踏上正确的道路。

（二）发挥潜力

2022 年，北京市朝阳区公布了公务员考试拟录取名单，有一位博士引起了很多人的关注，她毕业于北京大学，报考了街道办的城管岗位。令网友惊讶的是，在北京市朝阳区公布的 2022 年拟录用名单中，95% 以上都是硕士、博士，本科生屈指可数。让大家万万没想到的是，最内卷的岗位居然是城管。外交学院、中国社会科学院大学的两名硕士考取了北京市朝阳区朝外街道的城管队员。在网友看来，北京街道办的城管工资其实并不高。北大博士抢着去当城管，无非看上了北京市公务员编制和北京户口指标。名单公示之后，很多人说这属于"大材小用"，北京大学的博士生很有实力，可是毕业后却从事一份非常普通的工作，属于浪费人才，也有人为毕业生的就业担忧。北京大学博士去应聘城管工作，并非对社会对自身没有意义，但是他们肯定没有考虑过自我的潜能是否得到了发挥。

契克森米哈赖毕生致力于研究高峰体验和巅峰表现。他曾说过："这种最好的时刻通常发生在完成很困难又很有价值的任务时候，而此时把自身实力发挥到了极限。"他把这种体验称作为心流，实现这种体验的一个重要特征是活动具有挑战性且需要一定技能，需要全身心投入，但并不是非常困难以致无法完成。弗兰克尔也认为："人类需要的不是一个没有挑战的世界，而是一个值得他去奋斗的目标。我们需要的，不是免除麻烦，而是发挥我们真正的潜力。"

在马斯洛的需要层次理论中，他界定了缺失需要和成长需要的五个基本需要层次。其中"自我实现的需要"是最高层次，马斯洛指出："音乐家必须去创作音乐，画家必须作画，诗人必须写诗。如果他最终想达到自我和谐的状态，他就必须要成为他能够成为的那个人，必须真实地面对自己。"在自我实现的状态中，他们的潜能得以完全发挥，每个人都有努力追求这种状态的需要。

发挥潜力，并不是按照传统要求，努力挣钱，拼命地实现社会地位，而是最大限度地发挥自己的能力。像契克森米哈赖所说的，只有当我们努力在每时每刻发生的体验中寻找生活的意义和乐趣的时候，真正的幸福才能够降临。就是说，只有通过努力发现生活的真谛，并努力去实现它，我们才能够真正地享受生活。

（三）爱

2020 年度"感动中国人物"中有一位女子高中学校校长，她就是燃灯校长张桂梅。感动中国颁奖词中这样描述她：烂漫的山花中，我们发现你。自然击你以风雪，你报之以歌唱。命运置你于危崖，你馈人间以芬芳。不惧碾作尘，无意苦争春，以怒放的生命，向世界表达倔强。你是崖畔的桂，雪中的梅。1996 年 8 月，一场家庭变故让张桂梅从大理来到丽江山区，一张张山区贫困孩子渴望知识的纯真面庞，让这位女教师在山区扎下了根。为了改善孩子们的生活、学习状况，她节衣缩食，省下的每一分钱都用在学生身上。张桂梅先后捐出了 40 多万元，她的学生没有任何一个因贫穷而辍学。省政府奖励的奖金，她也全部捐献给山区小学用来改建校舍，并义务担任丽江华坪县"儿童之家"的院长，成为 54 名孤儿的母亲。她全身心投入教学，将病痛置之度外，甚至把学生送进中考考场后才去医院。2008 年，张桂梅创办了全国第一所全免费女子高中学校，学校实行寄宿制全免费教育，为在校学生提供生活补助费，为每名新生提供行李、校服等。14 年来，2000 多名山区女孩从这所高中毕业，圆梦大学。中共中央评价她为"以坚韧执着的拼搏和无私奉献的大爱，诠释了共产党员的初心使命"。

马斯洛在他的需要层次理论中提到我们有寻求归属和爱的需要；埃里克森"人生八阶段"理论中也提到我们需要在特定的阶段和别人建立亲密关系。爱是一种神圣的情感，我们需要它并渴求得到它。许多人觉得自己不够幸福、不快乐，他们埋怨社会的冷淡，觉得活着没有意义，那是因为他们不懂得什么是爱，更不知道如何去获得爱。

爱是什么？弗洛姆说"爱不是一种与人的成熟程度无关，只需投入身心就能获得的感情"；巴拉塞尔士也认为"一无所知的人什么都不爱，一无所能的人什么都不懂。什么都不懂的人是毫无价值的。但是懂得很多的人，却能爱，有见识，有眼光……对一件事了解得越深，爱的程度也越深"。爱是人格整体的展现，要发展爱的能力，如果不努力发展自己的全部人格以达到一种创造性、倾向性，那么播种爱的试图都会失败；如果没有爱他人的能力，如果不能真正恭谦地、勇敢地、真诚地和有纪律地爱他人，那么人们在自己的生活中也永远得不到满足，也就体验不到幸福的感觉。试问，我们有多少人具备爱的能力呢？所以追求幸福的第一步是认识自己，发展出有创造性的自己。

爱是人类永恒的话题，关于爱的诠释多种多样。弗洛姆在他的著作《爱的艺术》中不仅告诉我们什么是爱，更重要的是他教会我们怎样去爱，怎样去追求和获取爱。他认为："爱是人所具有的一种主动力量，它是一种主动的活动，而不是一种被动的情感；它是分担而不是迷恋，它是主动给予而不是接受。"正如阿德勒在《超越自卑》这本书中反复表达的，"我们要对社会和他人产生兴趣，在与他人的合作与和谐关系中不断超越自己的缺陷以获得优越感"。所以要想成为有创造性的自我，要使人生有意义，我们应该主动地去欣赏别人、宽容别人、关心别人。通过爱一个人，而爱与他有一丝一缕关系的其他人，爱每一个人；同时通过他而爱自己，爱整个世界。也许我们会以为"给予"就是"牺牲自我"或"放弃"。而弗洛姆所讲的有创造性的人对"给"的理解是完全不同的，"给"是力量的最高表现，恰恰是通过"给"，我们才能体验到自己的力量，体验到生命的升华给我们的快乐。"给"就是一种更高尚意义上的"得"。公交车上给别人让出座位，得到的是温暖整个冬天的感激的微笑；默默地递给伤心哭泣中的朋友小小的一张纸巾，得到的是永不褪色的友情……"给"使我们感受到生命的创造力，使我们体验到和所爱的人融合在一起的身心和谐感，即心灵深处流露出来的幸福感。

亚里士多德说过："幸福是生命的意义和目的，是人类生存的终极目标。"

还记得第一章中蒂姆的故事吗？那也是本-沙哈尔的经历。本-沙哈尔从自己的经历中认识到：幸福应该是快乐和意义的结合。

当我们在追求意义的过程中，享受过程中的点点滴滴的快乐，那必将获得幸运。

✳ 幸福实践

....

心理学实验

集中营中的生命意义实验[①]

生命的意义是什么？这是我们每个人都在毕生探寻的哲学命题。而心理学家弗兰克尔在集中营里努力探究生命的意义。在集中营这样的人间地狱里，是什么样的心理支撑着弗兰克尔和他的狱友度过的呢？他怎么就能够在让百万人绝望的生命里，找到生命的意义呢？

实验开始

弗兰克尔全家被抓起来和所有的犹太人一起关押在一个车里，集中开往他们不知道的目的地，可以幻想也许去工厂做苦力，但是绝对幻想不出（或许是不想去想）他们的终点站——奥斯威辛，这个令人不寒而栗的名字。当车里的人看到这个名字的时候，所有人的反应是：惊恐，或许是四个字：极度惊恐。

下车后，人们被分为两个队伍，一个向左，一个向右。弗兰克尔因为故意做出的精神抖擞状幸运地被划到了右边，而左边的人都被直接送进了焚烧炉。

第一阶段：惊恐

党卫军让他们交出所有的随身财物，他请求想保留住他耗尽毕生精力的手稿时，获得了两个字："狗屁！"然后他的反应是什么？不是常人的愤恨痛苦甚至精神崩溃，而是懂了一个道理，心理上也达到了第一个阶段反应的极点——我否定了我的前半生。

源于绝望的笼罩，人人都有自杀念头。"我发誓永远不去触碰铁丝网"，弗兰克尔首先给自己设定了一个绝不（never）的目标和底线，他说这没有意义。

[①] 弗兰克尔. 追寻生命的意义 [M]. 何忠强，杨凤池，译. 北京：新华出版社，2003.

接下来开始进入"闯关游戏",存活的机会微乎其微,谁也没有把握能"幸运通关"。这个准备工作慢慢让人不再害怕死亡。他说,几天后,毒气室都不怕了,因为至少可以免除自杀的麻烦。

原来或许还可以把自己想象成是个"人物",而现在的待遇形同猪狗。在集中营里随时可见的各种体罚、鞭打及惨叫声,这些都是不忍试听的,从而慢慢达到情感忍受的极限。当这些的发生就如同我们上班下班吃饭睡觉一样频繁的时候,变成一种常态,心理慢慢度过了这个极限就进入了第二阶段。

第二阶段:冷漠、迟钝,对任何事情都漠不关心,进入一种死亡状态

弗兰克尔是这样描述的:将我们的"临时的存在"看作不真实的,本身就是使犯人丧失对生活的把握的重要因素,一切都无所谓了。这种人忘了,正是在极端困苦的环境下,人才有实现精神升华的机会。他们不是把集中营的苦难看作对自身内在力量的考验,而是很不严肃地对待自己的生命,把生命轻易抛弃。他们更愿意闭上眼睛,生活在过去之中。对这些人来说,生命是无意义的。

第三阶段:解放后的犯人心理症状是道德出轨和理想破灭

不停地吃,丧失快乐的能力。几年后重新变成一个人。

弗兰克尔描写了他本人及其他犹太人于二战中在纳粹集中营的生活,呈现的是第一阶段和第二阶段,在那种恶劣的环境下,求生是囚徒们唯一所关心的事情。为了求生,他们想到一切可能想到的办法:扒死人的衣服、鞋子;走路时挤在人群中间以避风寒;干活时避开监工的眼目偷着喘息;等等。为了达成"不死",他们在时刻笼罩自己的死的阴影中,也会偷偷写诗,也会偷偷唱歌,也会偷偷欣赏远处的野花和山岚,更会以思念亲人,与自己亲人对话的方式,从中汲取生的力量。他们创造着各种方式让自己去抵御那种"对身体的毁灭"。真的是"在夹缝中求生存",而这个"生存"仅仅是"不死"。

弗兰克尔还告诉我们:有一小部分人,可能超越他的环境,而过一种他内心所要的生活，比如尊严，比如道德，比如人道主义，这是人性内在的光辉。即使外界多么恶劣，你也有内在的自由，选择让它们永驻在心中。这就是所谓的"圣者"，必须有一个前提，就是你对未来必须抱持信心。"人的独特之处在于，只有人才能着眼于未来，在极端困难的时刻，这就是他的救赎之道，不过他得迫使自己将精神专注于此。"

"一旦我们明白了磨难的意义，我们就不再通过无视折磨或心存幻想、虚假乐观等方式，去减少或平复在集中营所遭受的苦难。经受苦难成了一项我们不能逃避的任务。我们意识到了苦难中暗藏着的成功机会。"正如里尔克所说："经受苦难"，就是跟其他人"完成工作"一样。弗兰克尔引用尼采的话："那些打不倒我们的，终将使我们更强大。"当然，弗兰克尔也强调，承受不必承受的磨难，无异于自虐。

弗兰克尔根据观察自己和他人在集中营的生活，创立了"意义疗法"。如何发现生命的意义，他为我们指出了三条道路：一是通过创立某项工作或从事某种事业；二是通过体验某种事情或面对某个人；三是在忍受不可避免的苦难时采取某种态度。这些方法的有效性在弗兰克尔的集中营生活中得到了印证。

能从那么严酷的环境中活过来，弗兰克尔就是通过这三种途径找到了自己生命的意义，从而让他一天天充满希望地活下去。如在第一项中，他去集中营之前就开始写一本书，将手稿带在身上，但刚入集中营就被没收。然而弗兰克尔并没有放弃，但凡能找到的小纸片，他都搜集起来用于写下思想的火花。第二项，他借着想念妻子，与妻子对话，来化解身边的苦难。第三项，在经历集中营的苦难时他采取去承受的态度，进而去超越苦难。这三项途径可以单一使用，也可以综合使用。

弗兰克尔在集中营里也使用他的"意义疗法"去启发、激励自己的同伴，让他们勇敢地活下去，并收到良好的成效。他用他的一生践行了他的理论。让我们也用他的理论来为我们的生命赋能！

那么我们在纷繁的生活中，在失意落寞的时候，是否找到了自己的"生活的意义"呢？

测一测

我的生命意义感

请想想是什么让你的生活和存在对你来说很重要和有意义。请尽可能真实准确地回答以下问题，请注意，这都是些非常主观的问题，没有正确或错误的答案。请按以下评分回答问题：完全错 -7，大部分错 -6，有些错 -5，不确定 -4，有些正确 -3，大部分正确 -2，完全正确 -1。

题项	完全错	大部分错	有些错	不确定	有些正确	大部分正确	完全正确
1. 我明白我生命的意义							
2. 我正在寻找能让我的生活有意义的东西							
3. 我一直在寻找我的人生目标							
4. 我的生活有明确的目标感							
5. 我很清楚是什么让我的生活变得有意义							
6. 我发现了令人满意的人生目标							
7. 我一直在寻找能让我的生活变得有意义的东西							
8. 我正在为我的生活寻找一个目的或使命							
9. 我的生活没有明确的目标							
10. 我正在寻找我生命的意义							

计分方法：

1. 项目 9 是反向计分的。

2. 项目 1、4、5、6 和 9 构成了意义的存在子量表，项目 2、3、7、8 和 10 构成了寻找意义的子量表，得分保持连续。

练一练

绘出自己的生命线 [①]

你可能会问，生命线是个什么东西呢？生命线就是我们每个人生命中走过的路线，每个人都是独特的，所以每个人都有自己独特的生命线。这个游戏就是画出你的生命线。

请备好一张洁白的纸。

还请备一支红蓝铅笔。彩笔也行，须一支较鲜艳，一支较暗淡。要用颜色区分心情。

先把白纸摆好，横放最好。

在纸的中部，从左至右画一道长长的横线。

给这条线加上一个箭头，让它成为一条有方向的线。

请你在线条的左侧，写上"0"这个数字，在线条右方，箭头旁边，写上你为自己预计的寿数。可以写68，也可以写100。

此刻，请你在这条标线的最上方，写上你的名字，再写上"生命线"三个字。游戏的准备工作就基本完成了。

一张洁白的纸，写有"×××的生命线"的字样，其下有一条有方向的线条，代表了你的生命的长度。它有起点，也有终点，你为它规定了具体的时限。

请你按照你为自己规定的生命长度，找到你目前所在的那个点。比如你打算活75岁，你现在只有25岁，你就在整个线段的三分之一处，留下一个标志。之后，请在你的标志的左边，即代表着过去岁月的那部分，把对你有着重大影响的事件用笔标出来。比如7岁你上学了，你就找到和7岁相对应的位置，填写上学这件事。注意，如果你觉得是件快乐的事，你就用鲜艳的笔来写，并要写在生命线的上方。如果你觉得快乐非凡，你就把这件事的位置写得更高些。假如，10岁时，你的祖母去世了，她的离世

---

① 毕淑敏.心灵七游戏 [M].长沙：湖南文艺出版社，2018.

对你造成了极大的创伤，你就在生命线10岁的位置下方，用暗淡的颜色把它记录下来。抑或，17岁高考失利，你痛苦非凡，就继续在生命线的相应下方很深的陷落处留下记载。依此操作，你就用不同颜色的彩笔和不同位置的高低，记录了自己在今天之前的生命历程。过去时的部分已经完成，你要看一看，数一数，在影响你的重大事件中，位于横线之上的部分多，还是位于横线之下的部分多？上升和陷落的幅度怎样？最重要的是看你个人对这件事的感受，而不在于世俗的评判。如果你的生命线横线之下的部分多于横线之上的部分，也不要觉得自己可怜，命运对自己不公平。承认自己的局限，承认人生是波澜起伏的过程，接纳自己的悲哀和沮丧，都是正常生活的一部分，人不可能天天都是快乐的，我们争取一天比一天更快乐幸福就是最大的进步了。

在你的坐标线上，把你这一生想干的事，都标出来。想象你以后的日子将会怎么走过，如果有可能尽量把时间注明。视它们带给你的快乐和期待的程度，标在线的上方。如果它是你的挚爱，就请用鲜艳的笔墨，高高地填写在你的生命线最上方。当然，在将来的生涯中，还有挫折和困难，比如父母的逝去，比如孩子的离家，比如各种意外的发生，不妨一一用黑笔将它们在生命线的下方大略勾勒出来，这样我们的生命线才称得上完整。这一部分可能要花费你多一些时间，一张将引导你今后很多年的路线图，值得精雕细刻。全部完成之后，这张表就代表了你的人生蓝图。

看着你的生命线，也许你会激荡起时不我待的豪情。我们的生命是有限的，无论你为自己设置的结尾是多么遥远，总有一个尽头。生命最宝贵之处，并不在它的长度，而在它的广度和深度。如果我们能很精彩地过好每一分钟，那么这些分钟的总和，也必定精彩。生命线是你自己描绘的，你是它的主人，你是自己生命的主人，没有别人能主宰你的命运。

从上面我们勾勒出了自己的整个生命蓝图，怎么样才能过好每一天的生活、实现那些你未来的计划呢？本－沙哈尔认为，虽然内心和思想都很难度量，但我们还是可以对自己的幸福做出评估，并思考如何做才能变得更幸福。我们可以从记录每天的事项开始，并且写下它们带给我们的快乐和意义，慢慢地形成一种幸福的生活习惯和模式。

人生路线图 [①]

每天用一点时间，记录下当天的生活，可以帮助我们找到自己的模式。比如，我们可能会发现，我们的大部分时间都用在那些获益在未来，但我们并不享受的事情上，或是做了太多既没有意义又不快乐的事。据此，我们就可以为自己的生活做出更好的规划。

用一两个星期的时间，把自己的日常作息记录下来。在每天结束前，写下你是怎么使用时间的，从花 5 分钟回复电子邮件，到看 2 小时的电视都可以。练习不需要特别精确的回忆，它所提供给你的仅是一个整体的回顾。

在每个星期结束时，画上一个图表，上面包括你所做的事情，它们带来了多少意义和快乐，以及你所花的时间（你可以为它们评分，看看它们所带给你的快乐和意义。比如，–5 分是最低分，而 5 分为最高分）。在所有时间旁边，注明你希望以后用更多还是较少的时间在这件事情上。如果希望用更多的时间，就写个 "+"；很多时间的话就写 "++"；减少就写 "–"；保持写 "="。

这个练习就像我们生活的镜子，可以帮助我们对自己保持诚实，在日常生活中体现自己的最高价值。更高的自我一致性可以带来更多的幸福感。其实我们知道很多对我们重要的事情，我们在 "知" 和 "行" 上经常会有很大的出入，在做这个练习的时候，最好能和一个熟悉自己，关心自己的人一起完成，让他来帮助你更坦诚地面对自己的内心。

在我们觉得有价值的事情上花很多时间，完全取决于个人的观点和可行性。通常，我们因为一些内在的或是外来的干扰而远离了我们的幸福生

---

① 本 – 沙哈尔 . 幸福的方法 [M]. 汪冰，刘骏杰，译 . 北京：中信出版集团，2013.

活，而这些事情往往是我们可以控制的，如习惯、恐惧、他人的期望等。时间是如此宝贵和稀缺的资源，只有当我们开始学会向一些没那么重要的事情说"不"时，我们才能对那些最有意义和价值的事情说"是"。

经常去重复这个练习，因为深刻的改变不是一天两天的事。重要的是，要把你的活动规律化、习惯化。在建立新习惯之外，可以尝试停止不良的习惯，如每天的某某时刻"不"可以做什么。好像上网一样，去列一段不可以上网的时间。现代人花太多的时间在电脑上，每隔几分钟就检查社交软件，这实际上会严重影响我们的工作效率和创造性，而最终影响我们的心情。

活动	意义	快乐	时间
运动	5	5	5 小时，++
看文献	5	3	14 小时，=
上网娱乐	2	3	10 小时，-

练习一主要帮助我们勾勒出一个整体的人生蓝图，练习二则是从日常生活中细化我们的生活，为我们建立一种幸福合理的生活模式。可以结合两个一起做，通过练习二检验现在的生活是否符合你会好的人生轨迹。

[1]Carducci B J，Zimbardo P G. Are you shy?[J]. Psychology Today, 1995(6): 34–46.

[2]McGrath R E. Character strengths in 75 nations：An update[J]. Journal of Positive Psychology，2015(1)：41–52.

[3] 艾里斯 . 别跟情绪过不去 [M]. 广梅芳，译 . 成都：四川大学出版社，2007.

[4] 艾瑞里 . 怪诞行为学 2：非理性的积极力量 [M]. 赵德亮，译 . 北京：中信出版社，2010.

[5] 艾森克 . 心理学 —— 一条整合的途径 [M]. 阎巩固，译 . 上海：华东师范大学出版社，2015.

[6] 本 – 沙哈尔 . 幸福的方法 [M]. 汪冰，刘骏杰，译 . 北京：中信出版集团，2013.

[7] 本 – 沙哈尔 . 幸福的要素 [M]. 倪子君，译 . 北京：中信出版集团，2022.

[8] 彼得森 . 积极心理学 [M]. 徐红，译 . 北京：群言出版社，2010.

[9] 毕淑敏 . 心灵七游戏 [M]. 长沙：湖南文艺出版社，2018.

[10] 布拉德福德，罗宾 . 深度关系：从建立信任到彼此成就 [M]. 姜帆，译 . 北京：机械工业出版社，2023.

[11] 崔丽娟，才源源 . 社会心理学 [M]. 上海：华东师范大学出版社，2008.

[12] 达菲，阿特沃特 . 心理学改变生活 [M]. 张莹，丁云峰，杨洋，译 . 北京：世界图书出版公司北京公司，2006.

[13] 德韦克 . 终身成长 [M]. 楚祎楠，译 . 南昌：江西人民出版社，2017.

[14] 弗兰克尔 . 追寻生命的意义 [M]. 何忠强，杨凤池，译 . 北京：新华出版社，2003.

[15] 福特 . 人际关系：提高个人调适能力的策略 [M]. 王建中，等译 . 北京：高等教育出版社，2008.

[16] 郭永玉 . 人格心理学：人性及其差异的研究 [M]. 北京：中国社会科学出版社，2005.

[17] 海特 . 象与骑象人 [M]. 李静瑶，译 . 杭州：浙江人民出版社，2012.

[18] 卡巴金 . 正念疗愈力 [M]. 胡君梅，黄小萍，译 . 新北：野人文化股份有限公司，2013.

[19] 卡尔 . 积极心理学——关于人类幸福和力量的科学 [M]. 郑雪，等译 . 北京：中国轻工业出版社，2008.

[20] 拉希德，塞利格曼 . 积极心理学治疗手册 [M]. 邓之君，译 . 北京：中信出版社，2020.

[21] 刘翔平 . 积极心理学 [M]. 北京：中国人民大学出版社，2018.

[22] 霍克 . 改变心理学的 40 项研究 [M]. 白学军，等译 . 北京：人民邮电出版社，2018.

[23] 迈尔斯 . 社会心理学 [M]. 侯玉波，等译 . 北京：人民邮电出版社，2016.

[24] 希奥塔，卡拉特 . 情绪心理学 [M]. 周仁来，译 . 北京：中国轻工业出版社，2021.

[25] 彭凯平，孙沛，倪士光 . 中国积极心理测评手册 [M]. 北京：清华大学出版社，2022.

[26] 契克森米哈赖 . 心流：最优体验心理学 [M]. 张定绮，译 . 北京：中信出版社，2017.

[27] 全国 13 所高等院校《社会心理学》编写组 . 社会心理学 [M]. 天津：南开大学出版社，2016.

[28] 萨提亚，贝曼，格伯，等. 萨提亚家庭治疗模式 [M]. 聂晶，译. 北京：世界图书出版有限公司北京分公司，2019.

[29] 塞利格曼. 持续的幸福 [M]. 赵昱鲲，译. 杭州：浙江人民出版社，2012.

[30] 塞利格曼. 真实的幸福 [M]. 洪兰，译. 沈阳：万卷出版公司，2010.

[31] 桑特洛克. 心理调适 [M]. 王建中，吴瑞林，等译. 北京：机械工业出版社，2015.

[32] 田超颖. 情商决定人生 [M]. 北京：朝华出版社，2009.

[33] 奚恺元，王佳艺，陈景秋. 撬动幸福 [M]. 北京：中信出版社，2008.

[34] 谢弗，基普. 发展心理学：儿童与青少年 [M]. 邹泓，等译. 北京：中国轻工业出版社，2016.